OPEN! OFF-GRID LIFE

# ひらけ！オフグリッド

電線切ったら、楽しい暮らしが待っていた

サトウチカ

*Sato Chika*

# Chap. 00 はじめに

わたしの人生を変え、生きる喜びを教えてくれた〝オフグリッド〟。みなさんはこの言葉をご存じでしょうか？

「オフ＝ほどく」「グリッド＝社会に張り巡らされた網目」

つまり、知らず知らずのうちに縛られていた社会という大きなシステムから抜けている状態のことを言います。

すべての始まりは、送電網というグリッドを一本切ってほどいてみたことでした。

２０１４年の秋から神奈川県横浜市の住宅街で、電柱を立てず、電線を引かず、たった８枚の太陽光パネルだけで電気を完全自給する、オフグリッドな暮らしを始めました。電気の知識ゼロのサラリーマンと主婦というごくふつうの夫婦が、望む未来を夢描いて始めたこの挑戦。それは、実践と実験の繰り返しで、新しい気づきや発見の連続でした。

そのプロセスの中で、それまで「当たり前」や「ふつう」だと思っていたことが、「おかしなこと」や「変なこと」に思えてきました。そして、自分自身を固定していた価値観や認識の変化や逆転が起こると、いままで見ていた外側の世界の景色も連動してどんどん変わっていきました。意識を拡大し続けるこの生活は、飽きというものがなく、ワクワクや希望や楽しさにあふれています。

自分をとりまくさまざまなグリッドに意識が向くようになると、目に見えないグリッドでがんじがらめになっていたことを知りました。ガスや水道や食べものや日用品などのインフラやモノとの関わり、法律や政治などの国との関わり、家族や友人など周囲の人たちとの関わり、仕事や会社など社会的な関わりなどあらゆるものです。

そこから、ひとつひとつのつながりを丁寧に見ていき、オフするべきものは勇気をもってほどいていきました。そのたびに「できた！」という達成感や解放感や爽快感に満たされながら、よりよい関係性へと変わったり、新たな関係性が生まれたり、本来の自然な関係性へと結び直すことになりました。

つまるところ、オフ・グリッドとはリ・グリッドだったのです。

それは、自分以外の誰かがつくった枠組みや仕組みや制度から抜けて、自分自身の感性や考えのままに創造できる世界と結び直して再構築する作業でした。

すると、結婚制度というシステムにも疑問がわくようになりました。国に紙を一枚提出して契約するような無機質な関係ではなく、もっと自然でもっと人間的なものでありたい。電力会社に100%依存していた電力から自立したように、夫に100%依存していた生き方から一人の女性として一人の人間として自立したい。そう思っての決断でした。

それぞれ新たな道へと進むことを選び、わたしは2018年に神戸に移住することになり、彼は横浜の自宅でいまも暮らしています。いまでも一個人として尊敬し合う関係には変わりはありません。

この本は、オフグリッドな暮らしに挑戦することを決めたときからの9年間にわたる時間をまとめています。本文では時系列でわたし自身の変化を知っていただくため、当時の関係性のまま〝夫〟と表記しています。彼の協力なしでは実現できなかった暮らしであり人生です。その感謝の気持ちがとめどなく溢れる中、書き綴りました。

家庭で使う電気くらいであれば、現在の技術で十分まかなえることを実証できた、このオフグリッド生活。電線を一本切って電力網をほどいてみたら、自然や環境に優しくなり、景観も美しくなり、生態系も豊かになり、持続可能な世界が勝手に目の前に現れました。

と言っても、わたしは日頃、電車や新幹線に乗りますし、社会を支えている電気の恩恵を受けて生かされています。この本は電力会社を否定するものでも批判するものでも決してありません。エネルギーの生み出し方と使い方を見直すときがやってきたことをみなさんと共有し合い、そして、家庭という社会の最小単位が織りなす暮らしが持っている、大きな可能性に気づく本として位置づけていただけたらと思います。


この時代のこの国にいるごくふつうの女性であるわたしが、それまでの価値観がどんどん崩れて変わっていき、どんどん思考や行動が変わっていき、軽やかに楽しそうに大変身を遂げていった真実の物語。

そのプロセスの最初の一歩目となった電力会社からのオフグリッドがどのようなドラマであったかを、この本を通じて一緒に楽しんでいただけたら嬉しく思います。

contents

装幀○原田恵都子（ハラダ＋ハラダ）
イラスト○升ノ内朝子
写真○水野竜也
図版作成○二神さやか
本文組版○閏月社

# Chap. 01
# ようこそ！オフグリッドな暮らしの世界へ

電力を100%自給しているこの家には、電柱も電線も電気メーターもありません。

では、どうやって電気をまかなっているかというと、屋根の上に8枚の太陽光パネルを乗せて太陽に電気をつくってもらって、その電気を家の裏にある物置にセットしたリサイクル品の鉛バッテリー（蓄電池）にためて使っています。

おひさまは請求書を送ってこないので、毎月電気代はゼロ円！

なんの見返りも要求もなく、ただただその美しい光を降り注ぎ続けてくれる姿を見ていると、無償の愛とはこういうことだと実感します。

家全体の1日の電力消費量はおよそ3kWhです。一般家庭では12kWh程度なので、それと比べると4分の1ほどで暮らしていることになります。

8枚の太陽光パネルは、1時間に約2kW発電します。日本の平均日照時間は3・3時間と言われているので、計算上では1日に6・6kWhの発電量。その日使う電気をつくって使うという、まさに足るを知る暮らしと言えるでしょう。

ちなみに、バッテリーの容量は27kWhなので、9日間大雨や雪が続いてまったく発電しなかったとしてもまかなえる想定です。最低限のエネルギーに抑えたミニマムな生活ではありますが、電気を大切に上手に使ってやりくりしています。

この暮らしは5年以上になりますが、バッテリーが底をついたことは一度もありません。

こんなに少ない電気なので、非電化な暮らしと思われることが多いですが、いえいえ、そんなことはありません。

使用している家電製品は、エアコン、冷凍冷蔵庫、オーブントースター、洗濯乾燥機、掃除機、炊飯器、ヘアドライヤー、パソコン、プリンター、スマートフォンなど。しいて言えば、テレビと電子レンジがないくらい。

あまりにもふつうの家と変わらない暮らしをしているので、当初ご近所のあいだでもこの電力完全自給生活は知られていませんでした。朝日新聞で大きく取り上げていただいたことをきっかけに、「あなたの家、すごいおウチだったのね！」と急に話しかけられるようになったくらい横浜市の住宅街に溶け込んでいます。

電力完全自給と聞くと、爪に火をともすような苦しい生活を想像されがちです。以前、「サトウさん家は電気を自給していてすごいですね！　ちなみにおトイレは水洗ですか？」と聞かれて驚いたことがあります。

「自給」という言葉は原始的なイメージを呼び起こすようです。ひょっとしたら、トイレはぼっとんで、炊事はかまどで、洗濯は川で、掃除はホウキや雑巾で、お風呂は五右衛門風呂で……という暮らしを期待して、いまこの本を手に取ってくださっている方もいるかもしれません。

そんな田舎風の暮らしもとても素敵ですが、うちのコンセプトは「みんなと同じように暮らす」です。現代的な暮らしをしているけれど、その電気はすべて自分の家でつくっているところが違うのです。

電力自給生活は、庭で野菜を収穫して食べて暮らすように、屋根で電気を収穫して使って暮らします。家庭菜園ならぬ家庭採電とでもいいましょうか。

野菜を自分の手で育てたことのある人は、種を蒔いたときの期待感や、芽が出たときの喜びや、収穫するときの達成感を味わったことがあるはずです。電力自給もまさしく同じです。朝起きて朝日がサンサンと輝いているときに抱く発電への期待、日中ガンガン発電しているときの喜びや興奮、おひさまと共同でつくった電気を使うときの達成感があります。

野菜にしても電気にしても、自分でつくったものには愛着がわくもの。これは電力会社から電気を買っていたときにはなかった、生まれて初めて味わう新鮮な感覚です。

このように、オフグリッド生活は喜びにあふれていて、電気だけでなくワクワク感まで生みだしてくれます。

しかしながら、すべてはお天道様のご機嫌次第。太陽のパワーやリズムによって、さまざまな展開が繰り広げられます。

おかげさまで空を読む能力はずいぶん高まりました。わたしのいまの特技は、1時間以内の天気と電力量の増減を予想的中させることです。

晴れて発電が止まらないときは〝電気富豪〟と呼んで、そのありあまるエネルギーをめいっぱい享受します。

昼間はおひさまがたくさん発電してくれるので、こちらの人間側もたくさん家電を動かします。

平日だったら洗濯機を回して、掃除機をかけて、アイロンがけをして、2回目の洗濯をして、といった具合です。

休日に夫がいるときなら、芝刈り機でお庭の手入れをしたり、電動のこぎりでＤＩＹして棚をつくったり。

こういうときは、空からお金が降ってくるイメージです。

もし好きなだけお金をキャッチしていいと言われたら、残らず掴みたくなりませんか？ 電気も同じで、天から降り注ぐこの恵みを全部受け取りたいもの。

というわけで、晴れた日の昼間はキャーキャー言ってはしゃぎながらできる限り家電を動かして、いろいろなことを楽しみます。ふだん使わない炊飯器を棚の奥から引っ張り出して、豆を煮たりケーキを焼いたりと大忙し。炊飯器は1回に1㎾hくらい使うほどパワフルなので、電気富豪のときは強い味方です。

次に、日没後から早朝にかけて。この時間帯は控えめにすごします。もう発電をしていないので、日中にバッテリーにためた電気を使うことになるからです。

電力消費の激しい家電製品は動かさないように注意しますが、かといって電気をつけずに夕飯の支度をしたり、暗い中でご飯を食べたりするようなことはありません。

夜になれば電気をつけて変わらない生活をします。ただ、テレビがないのでこの部分では節電になっているでしょう。

明かりのもとでご飯を食べて、お風呂に入って、のんびりくつろいで。そんなことをしていると自然と眠くなってきて、お布団へ向かう時間がどんどん早まっていきました。夜更かしすればするほど無駄な電気を使うことにもなるので、とっとと寝る！に限ります。

そんな生活をしているうちに、21時をすぎるころには睡魔の波に飲み込まれるようになって、それに抗《あらが》うことなく降参するようになりました。

余分な明かりを夜中までつけることもないので節電になるうえに、夜更かししないのでお肌の調子がすこぶる良いというおまけつきです。

最後に、曇りや雨の日が続いたときは、〝電気貧乏〟と呼んで、限られたエネルギーの中でやりくりします。

雨の日でも1日に600Wほど発電してくれるのですが、家1軒分の1日の電力消費量が3kWhなのでとてもまかなえません。一日中使っている冷蔵庫だけで750Wh消費するので赤字状態。

となると、蓄電してためておいた電気をバッテリーから使っていくことになります。これは、せっかく貯めた大切な貯金を切り崩すのと似たような気持ちです。

こういうときは、なるべく電力消費量の少ないものを使ってすごします。ノートパソコンを開いて仕事を進めたり、LED電球の明かりのもと、読書をしたり勉強をしたり。また、オーブントースターや炊飯器を使う料理は控えたり、洗濯を潔くあきらめたり、掃除機のかわりにホウキとハリミ（チリトリ）を使って部屋をキレイにしたりします。


というわけで、オフグリッド生活は否が応でも晴耕雨読になります。

おひさまが元気いっぱいでエネルギーをたくさんつくってくれるときは、こちらも元気に活発に動いてエネルギーをたくさん使って生産性を高めます。一方、おひさまの元気がなくてエネルギーをつくれないときは、こちらもエネルギーを控えめにして静かにすごします。

それはまるで太陽と息をピッタリ合わせてダンスをするかのよう。

早寝早起きになって体力がついて、自然のリズムと身体のリズムが同期してお肌がきれいになって、おのずと心身が健康になっていきました。

サトウさん家の

## 電力自給システムの仕組み

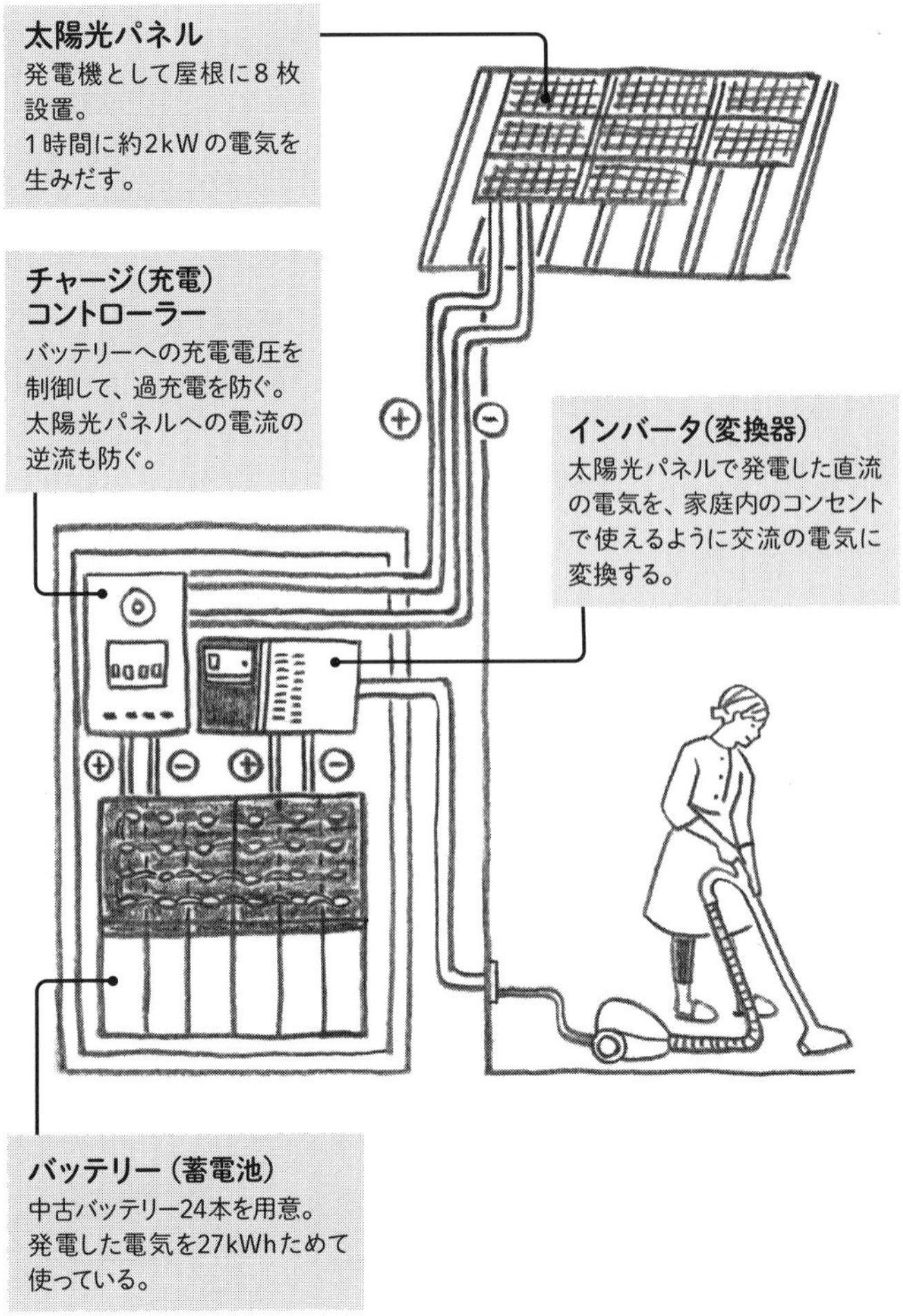

# Chap. 02
# 価値観が180度変わったあの日

毎日太陽に電気をつくってもらって、そのエネルギーを今日は何に使おうかな？と、ワクワクしながらすごす楽しいオフグリッドな暮らし。このような生き方を選ぶことになったきっかけは、２０１１年3月11日に起きた東日本大震災と東京電力福島第一原子力発電所の事故です。

それまで何も考えずに湯水のごとく使っていたこのエネルギーが、まさか原子力発電という危険なものを前提につくられていたことにショックを受けました。何も知らなかった無知さと何も知ろうとしてこなかった無関心さに、自分で自分に落胆しました。何も考えずに生きているってこういうことだと痛感したのです。

これをきっかけに、それまで神奈川県川崎市の新築マンションで営んでいた一般的な暮らしから大転換を起こして、大きく舵を切ることになります。

当時、わたしは都内にあるアロマセラピーやハーブなどの商品を扱うお店に勤務していました。そのお店であの日のあの時間を迎えました。

大きな揺れの中、店内の商品は棚から音を立てて崩れ落ちてきて、店長とわたしは急いで外へ逃げます。電柱や電線がグラグラ揺れて、建物の窓ガラスは揺れに必死に耐えながらいまにも割れそうです。道行く人たちはその様子を見て悲鳴を上げています。

いったい何が起きているのかわからないまま、見ず知らずの人たちと身を寄せ合って揺れが収まるのを待ちました。ようやく揺れが収まっても、心臓はバクバクと異常な脈を打ち、揺れが止まっているのになぜかまだ揺れているように感じ、頭も身体も心もすべてが混乱していました。

これは緊急事態であることは間違いない。店長が素早く判断をして帰宅を促してくれました。でも、すべての電車が止まってしまったので、当時住んでいた自宅マンションまで4時間をかけて歩いて帰ることになりました。

通信が混線して携帯電話が使えず、誰とも連絡が取れない不安の中、川や橋や幹線道路をたよりに家の方角に向かってひたすら歩き続けます。

川崎市に入るころには陽が沈んでいました。停電しているため、街頭の明かりやコンビニエンスストアなどのお店の明かりが一つも灯っていないので、暗くて道がよくわかりません。道行く人もよく見えないせいで、通りすぎる人たちとの距離がつかめず肩が何度も当たります。そのたびに、「ごめんなさい」「すみません」と謝りながら、必死に家へと歩を進めました。電気がつかない都会の街の暗さを生まれて初めて体験した出来事でした。

そうしてやっとの思いでマンションにたどり着いてほっと一安心する間もなく、次なる試練が待ち受けていました。

エントランスの自動扉が開かないのです。扉の前に立っても動かない自動扉は、もはや自動扉ではなくただの大きな壁となって立ちはだかります。呆然と立ち尽くしていると、帰宅してきたマンションの他の住人たちも同様に入れず、困りましたね……と顔を見合わせて、あきらめたように次々に道に座り込み始めました。

しばらく待っているとマンションの管理人がやってきて、器具を使って大きな重いそのドアを開けてくれました。

そうしてようやくマンションの中に入ると、今度はエレベーターが止まっているので、仕方なく階段をのぼって部屋を目指します。

やっとの思いで部屋に到着して鍵を回してドアを開けると、いつもの癖で壁についている電気スイッチに手を伸ばします。でも、まったく反応しない電球。暗い玄関で感覚をたよりに靴を脱いで部屋の中を進んでリビングのドアを開けると、飼い始めて数カ月の幼い子犬が駆け寄ってきました。地震にびっくりしてゲージを飛び越えていたようです。

「遅くなってごめんね！　一人で怖い思いさせちゃってごめんね！　怪我はない？」と声をかけながら、無事でいてくれたことに安堵しました。

寒さと余震の恐怖でブルブル震えるわたしと子犬。暖をとりたくてもエアコンもストーブも床暖房もつきません。冷たい風が吹く中を4時間近く外にいたので、身体が冷え切ってつらくてたまりません。

そうだ、電気が使えなくてもガスは使えるはず！　お風呂を沸かして入って温まればいいんだ！

そう思って給湯パネルのスイッチを押してみたものの、パネル自体が電気で動くためにスイッチが入りません。

ああ、何もつかないし、何もできない……。電気が使えないだけで、自分という存在が何一つできない無力なものになってしまうことに愕然としました。

心細い思いで暗い家の中でじっとしていると、夫が無事に帰ってきました。

お互いの無事に感謝して、二人とも家に帰れたことを奇跡のように感じました。テレビがつかないので情報が得られず、いったい何が起きているのかわからないまま、大きな余震とともに不安な一夜をすごしました。

翌朝、早朝に電気が復旧したのでテレビをつけてみると、信じられない映像が目に飛び込んできます。宮城県沖で起こった大地震であること、そして大きな津波が街を襲ったことをやっと知ったのです。

自分たちよりももっとたいへんな一夜をすごしていた方々の存在を知り、昨夜の不安な夜は不安とも呼べないレベルのように思ったのでした。


無事に電気が回復したので日常を取り戻せるかと思いきや、計画停電という名の無計画な停電が実行されました。停電の時間に合わせて仕事を休んだり早く切り上げたり、電気が使えるうちに急いで家事をすべて済ませたりと、混乱に混乱が加わります。

しかし、事前に知らされた停電時間でも停電にならないことが多く、振り回されっぱなしとなりました。こうして大停電や計画停電を経験したことで、電気は暮らしを支えてくれている一方でわたしたちを支配もしているということに気づき、それまでの認識が変わっていったのでした。

その後、さらに困難な状況が待ち受けていました。それは食糧の買い占めです。震災の混乱で流通が途絶え、多くの人たちがこぞってあらゆるものを買いあさり、コンビニエンスストアやスーパーから食べものや水、ありとあらゆる日常品が消えてしまったのです。

出遅れたわたしたちはかろうじて陳列棚に少しだけ残っていたおせんべいを手に取りました。これもお米からつくられているからご飯と一緒だということにして、買いものカゴに入れたときの惨めな気持ちは忘れられません。

レジに向かって続く長蛇の列に並びながら、お金さえあれば幸せに生きていけるという、それまで有していた価値観に揺さぶりが起き始めました。

いま財布の中には数万円が入っていて、銀行口座にもしっかりお金は貯まっていて、こうしてお金はちゃんと持っているのに、電気というエネルギーも最低限の食べものも得られないならば、お金ってなんのためにあるのだろう？

お金をしっかり稼げる人間になるために、いい学校に入って、いい会社に就職して、結果を出してきたつもりでした。両親や教師など周りの大人たちはそれを勧めてきましたし、そのとおりだと思ってそれまで努力してきました。

県立トップの高校に進学して、有名私立大学の法学部を卒業して、誰もが知っているいわゆる一流の企業に就職して、同期や同僚と競争して、出世できるように朝から晩まで働きました。

でも、そんな気持ちで新卒入社した会社では身体を壊してしまい、たった1年で転職することに。次の転職先でも3年が経つころにはまた心身のバランスを崩して心療内科に通って、向精神薬を飲みながら仕事をする日々。最終的に結婚を機に退社することになりました。

そんな人生絶不調のときに出合ったのがアロマセラピーでした。そこから体調と人生が好転し始めます。植物の自然な香りに癒されて不眠症が改善して、気持ちも明るくなって、身体の調子も戻ってきて、自然の持っている偉大な力に気づいたのです。そこでアロマセラピーを学べるスクールに通って資格を取って、都内の自然療法関係の会社に勤め始めた2カ月後に、東日本大震災に見舞われました。

社会の価値観に沿って生きていたら心身の調子が狂って社会に適応できず、自然なものを取り入れたら心身の調子が元に戻って社会復帰できたこの経験。それを通して、それまで自分が信じてきた社会システムへの疑いと、いつのまにか乖離してしまっていた自然という本来のシステムへの信頼回復へとつながりました。

この感覚をさらに鋭敏にさせて目を覚まさせたのが、福島第一原発事故でした。

それまでの価値観に楔《くさび》がうたれて崩れる用意ができ始めていたところに、さらに原発事故というショッキングな出来事が重なり、なんとか持ちこたえていた価値観はガラガラと音を立てて全崩壊。目が覚めるような思いでした。

いままで気づいていなかっただけで、よくよく考えたらこの社会はおかしかったのかもしれない。とんでもない世界で生きていたのかもしれない。それに気づかないように巧みに目隠しされていたのかもしれない。そう思ったのです。


お金もエネルギーも食べものもすべてゼロベースで捉え直すときが来ているんだ。この社会システムから抜ける覚悟を持つくらいの大転換期にいま立っているんだ。自然を脅かして、環境を壊して、誰かに犠牲を押し付けて、自分さえ幸せでいられればいいという考え方はもうやめよう。あらゆるものを買って消費し続けてお金を使う生き方ではなくて、自然と調和して豊かな環境をもたらしてみんなが幸せになるようにしていこう。何かを生み出したり命を育むことにお金を使う暮らしをしていきたい。これからはそういう生き方に投資したい。ここをスタートに平和に生きていこうと、魂は大きな声を上げて叫び出しました。

そこから電気やエネルギーと向き合うことを決めて、まずは真実を知ろうと調べることから始めました。

セミナーに参加したり書籍を読んだりして知識を深めていく中で、日本が抱えているエネルギーに関する問題は、遠く離れた国々を巻き込んで世界レベルで影響を及ぼしている事実に突き当たります。

そこでわかったことは、原子力発電だけを悪者のように扱うのは短絡的であるということでした。たとえば、現在の日本では天然ガスや石炭を燃やして発電する火力発電が半数を占めています。その量は年々増え続ける一方で、それに伴って二酸化炭素の排出量も増えて、地球温暖化に拍車がかかっています。家庭からの二酸化炭素排出量の5割は電気からです。

つまり、わたしたちの使う電気が気候変動や異常気象をもたらす原因をつくっているのです。

また、それらの地下資源は日本で採掘できないため、有する他国から輸入していることになります。そのために天然ガスなどの資源が豊かな国では奪い合いが起き、戦争や紛争が起きていることを知りました。いままで何気なく使っていた電気のために、こんなに多くの燃料を他国から持ってきて、しかもそこではこんな悲しい現実をつくりだしていたなんて……と、地球の裏側と内部で起きている状況に胸が痛みました。

日本のエネルギー事情を知れば知るほど、いま世界で起きている悲惨な現実と直面することとなりましたが、その中でひとつの明るい未来も見えました。

それが〝オフグリッド〟でした。

環境活動家の田中優《ゆう》さんの著書を数冊読んで、この考え方や暮らし方と出合い、これは地球を救う突破口になると確信したのです。

いろいろな情報を精査しながらたどり着いた答えは、それぞれの家が電力会社への依存から徐々に抜けていって、各家庭が小さな発電所となって電力自給をしていけば、よそから資源を奪ってくる必要がなくなって争いが減って平和な社会になっていくのではないかということ。そんな未来のビジョンが、目の前に鮮明に映し出されました。

やっと絶望から抜け出して、希望に手が届いた瞬間です。

それなら、まずは自分からやってみよう！　オフグリッドムーブメントを起こして社会を変えてみよう！　そして、世界へ広げていこう！　そんな夢を描くようになったのです。

と言っても、震災のちょうど1年前に結婚をして新築のマンションを買ったばかり。すぐに動くことはできませんでした。

そこではアンペアダウンや節電をして電気と向き合うことくらいで、マンションの一室でできることとの限界を感じる毎日がすぎていきました。

未曽有の被害をもたらした大きな原発事故を経験した、この時代のこの日本で生きている自分という存在。このまま挑戦せずに時間だけがすぎていったら、きっと後悔してしまう。あの日以来ずっと動けていなかったけど、もう迷っている暇はない。

やろう！　動こう！　挑戦しよう！

そうして震災から2年経った2013年に土地を探し始めて、一念発起してオフグリッドハウスを建てることになりました。

条件は3つです。

（1）太陽光発電に有利な南向きであること。

（2）家庭菜園ができる土地のスペースがあること。

（3）都会であること。

都会にこだわったのは、都市型生活でもオフグリッドが可能であることを証明できれば、ムーブメントが起きて広まっていくと信じていたからです。

自給的暮らしは田舎でしか実現できないという思い込みを払拭できるチャンスとして、都会のど真ん中から発信したいと思いました。

しかしながら、不動産業者の営業担当者にこのことを伝えても、「そんな土地は東京や神奈川にはないですよ。田舎に行ったらどうですか?」と言われる始末……。

そうして1軒目にふられ、2軒目にふられ、3軒目の不動産業者で奇跡が起きます。営業担当者が親身に話を聞いてくれて、未公開のとっておきの土地を紹介してくれたのです。

それは、神奈川県横浜市戸塚という都会にありながらも、山や田や畑に囲まれていて貴重な里山として残っている場所でした。

そこで吸った空気が横浜の空気とは思えないほど新鮮で生き返るような感覚を得ました。そして、真南向きで太陽光発電にはもってこい。しかも家庭菜園をするのにちょうどいいスペースも。まさに思い描いていたとおりの土地です。

ここだ、間違いない!とすぐにピンときました。

そこからは見えないチカラに背中を押されるかのようにトントン拍子で進んでいき、その土地と出合って1年も経たないうちにオフグリッドハウスが完成したのでした。

家がほぼ完成した2014年の8月の終わり。いよいよ屋根に8枚の太陽光パネルを乗せて、バッテリーなどの機材とつなげて、電気を完全自給する独立型電源装置を設置するときが到来しました。

太陽光パネルは1日で取り付けることができ、後日到着した再生鉛バッテリー24本(27kwh分)を、裏庭にある物置に運んで設置します。合わせると750kgにもなる重いバッテリーを、一つずつ慎重に物置に入れて組み立てていきます。

かなり重いはずなのですが、不思議とスイスイ身体が動きます。きっと、これから始まる新たな挑戦への期待やワクワクが圧倒的に勝っていたのでしょう。

こうして作業は順調に進んで、たったの4時間ほどで小さな発電所が完成！

あまりの簡単さに「え！もうできちゃったの?」と拍子抜けしたくらいです。

家の建築中は仮設の電柱を立てて電線をつないでいましたが、独立電源ができたらもう電線は必要ありません。

ということで、ついに断髪ならぬ断線という感動的な引退セレモニーを迎えます。

まず、家と電柱をつないでいた電線が外されます。

次に、外された電線がブランと垂れ下がっている電柱を地中から引っこ抜きます。

役目を終えた電線と電柱が地面に横たわっている姿を横目に、本当に電気がつくのかチェックするためにスイッチをカチッと押してみると、温かい明かりが灯りました。

思わず夫と歓声を上げてしまったほど興奮！

電柱もない、電線もない、でも明かりは灯る。電気は電力会社だけが供給するものだと思っていましたが、それはただの思い込みにすぎなかったということを、このときしっかりと認識しました。

そして、電気は買うものではなくて自分たちでつくるものという、新たな世界の扉が開きました。


目の前の景色を遮っていた電柱や電線が消えると、それまでの景色がまったく別の美しいものに変わったことに驚きました。

空はどこまでも高く抜け、遠く離れた向こうに見える木々までクリアに見通せ、その空間を飛んでいく鳥たちの動きが躍動的で、まるで飛び出す絵本か３Ｄアニメの中に入ってしまったかのよう。

本来この世界はこんなにも立体的で美しかったんだ！　と、目に涙が滲んでくるほど深く感動しました。

意識がはるか遠くどこまでも突き抜けて、心はどこまでも軽くなったのです。電線という黒い線が目に映るスクリーンから消えたことで、自然界と自分のあいだにあった境界線みたいなものが消えて、ひとつになった感じです。

どこまでが自分でどこからが自然なのかわからないような、そんな溶け合っている感覚に魂は喜びの声をあげたのでした。

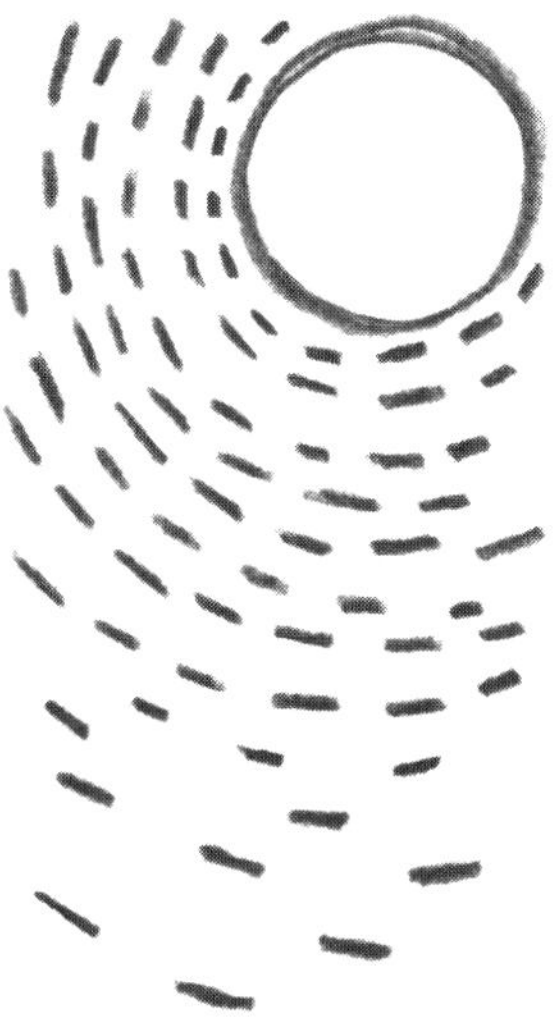

Chap.
03

# 電気というキャラクターに恋をする

いよいよ始まった電力完全自給生活。生まれてこのかた電気を手づくりして暮らすという経験をしたことのないわたしにとっては、未知の世界へと足を踏み入れたようなもの。どのくらい電気は使えるのだろう？　電気がなくなったらどうなるのだろう？　と不安でいっぱいです。

ひょっとしたらしょっちゅう停電して暗闇で食事をすることになるかもしれないから、万が一のためにローソクを買っておこうと、大量のローソクを備えて引っ越しました。

結果的には今日に至るまでそのローソクは一本も灯すことなく、順調に暮らすことができています。

つまり、一度もバッテリーが底をつくことなく、電気がなくなって使えないということなくすごせているということです。これといって大きなトラブルもなく生活できていることに、この家の意味と価値はあると言えるでしょう。

しかし、当時は毎日がハラハラドキドキ。冷蔵庫が止まったらどうしよう、洗濯機が使えなかったらどうしよう、といろいろなことが不安でたまりません。

お風呂上がりにヘアドライヤーで髪を乾かしているだけでも、バッテリーを使い果たしてしまうような気がしてきて、半乾きのまま途中で止めてしまうこともしばしば。

よし、こうなったら髪を切ってしまおう。そうすればヘアドライヤーを使う時間が短縮されて電力温存できる、と意を決してばっさりカット。それまで肩の下まであった髪の毛を襟足まで切って、まずはボブスタイルに変えました。

それから冬が到来すると、さらに消費電力を抑えようと今度はショートカットに。すると、冬の冷たい風が髪の毛がなくなった首筋を通ってうなじが冷えて、おかげで風邪をひきました。


このように、最初はなるべく電気を使わないように神経をすり減らす日々でした。

晴れれば安堵して、曇ったら不安になって、雨でも降ろうものなら絶望して。刻々と変わっていく空模様に連動して心模様も目まぐるしく変わるので落ち着きません。

でも、すべてが杞憂《きゆう》で終わっていきました。スタートしてから数カ月ほど経つと、意外と電気を使っても問題ないことがわかったのです。

そこからは不安よりも自信のほうが勝るようになって、落ち着いて日常生活を送れるようになりました。今となっては、何をするにも緊張していたあのころを思い出すと笑えてきます。


東日本大震災と原発事故のあと、節電意識が高まってどんどん知恵を身につけていったので、少ない電力量で暮らせる自信はありました。

節電ノウハウを得たことで、現代風の暮らしでありながらも1日の消費電力量が3kwhですごせる節電基盤を築けていたからです。

1日の消費電力量が3kwhというのは、一般の家庭のそれに比べて4分の1程度です。なぜそのようなことが可能かというと、電気というエネルギーのキャラクターをつかんで仲良しの関係を築いているからです。

むやみやたらに節電をすると、我慢や忍耐の圧に押されて苦になって長続きしないもの。電気にはその性格や個性があることを知って、その特性をうまくつかむのです。そうすると、節電のおもしろさと節約の醍醐味を味わえるようになって楽しくなって、気づいたら暮らしそのものになっています。

ここでそのワザをみなさんにご紹介したいと思います。お金の節約にも直結するので楽しみながら取り入れてみてくださいね。

### ▼その①：家電は省エネ製品を使おう

消費電力の少ない家電製品を使うことはとても重要です。その中でも冷蔵庫、エアコン、照明は電気をたくさん使うので省エネ製品にしたいところ。

特に省エネが進んだのが冷蔵庫で、15年前の冷蔵庫と比較すると、最新の冷蔵庫は消費電力が約60～70％削減されています。つまり、古い冷蔵庫を使っている家では、台所に最新型の冷蔵庫が2台ほど並んでいるのと同じことになります。昔のものは電力を消費しますので、買い替えの時期が来たらチャンスです。

照明はLED電球と白熱球を両方使っているのですが、白熱球の電力消費量のすごさに驚きます。30分ほどつけていただけで、蓄電量がみるみる減っていくのです。やはりLEDの省エネ力は素晴らしいです。

でも、LEDの鋭い光が目や人体に及ぼす影響も気になるところ。電球の周りに薄い布や和紙などで覆ってみるなどして工夫するとよいでしょう。

### ▼その②：待機電力に意識を向けよう

見落としがちなのが待機電力です。コンセントにプラグが挿さったままの状態は、電気を使っているのと同じこと。プラグごとにスイッチで電源を切れる節電タップという便利なものがあるので、それを活用するのもよいでしょう。

意外かもしれませんが、一番待機電力を使うのはガス給湯器です。一般的には台所やお風呂に主電源がついていますが、これがオンになっていると液晶画面の表示やお湯の温度センサー動作のために電気を必要とします。

床暖房につながっているとさらに待機電力は大きくなって、身近なオーブントースターと比較すると、０・１ｗ／ｈに対して11・０ｗ／ｈと１１０倍も消費します。食器洗いやお風呂などを済ませたら給湯スイッチをオフする習慣が身につくといいですね。

一方で、エアコンや冷蔵庫などプラグを抜かないほうがよいものもあります。

エアコンは室外機と室内機の間で熱を循環する冷媒という機能を持っていて、プラグを挿してすぐに運転させると、この冷媒がきちんと循環せずに機材を傷める可能性がありま す。そのため、一般的には説明書に「運転時には、コンセントを挿してから8時間～12時間程度放置してください」と書かれています。

エアコンを使わないオフシーズンにプラグを抜くのは節電に有効ですが、毎日運転するような季節は抜かないようにしましょう。冷蔵庫も似た機能を持っているため、抜き挿しが故障の原因になるので控えましょう。

## ▼その③：温め・暖め系の家電製品は、なるべく使用しないようにしよう

電気は熱を生みだすのが大の苦手で、熱をつくるにはたくさんの電気を消費します。つまり、温めることや暖めることを嫌がります。そのような特性ゆえに、ＩＨで調理したり、オーブントースターや電子レンジで料理を温めたり、電気ケトルや電気ポットでお湯を沸かしたり、炊飯器でご飯を炊いたり、エアコンや電気ストーブで部屋を暖めたり、コタツやカーペットで暖をとったりすると、多くの電力を要することになります。

炊飯器の代わりに土鍋でご飯を炊いたり、電子レンジの代わりに湯煎や蒸し器で温め直しをしたりするなどして、なるべく電気で温めないことを心がけます。つまり、熱は熱で利用するのです。

ここで意外な盲点が便座ヒーターです。24時間温めっぱなしなのでかなりの電気食い。これをオフしてフワフワの便座シートに代えるだけでもかなりの節電になります。

このようなことを注意すると、自然と1日3kWhほどで暮らせます。

このくらいミニマムな電力量になると日々の暮らしで電気が足りなくて困るようなこともあまりなく、電力自給システムに必要な機材も最小限で済むのでいいですね。

そもそも、原子力や火力を使った発電所で電気がつくられるとき、なんと6割もの熱が捨てられています。そうしてやっと搾りだした電気でまた熱をつくるのはとても非効率なこと。

ぜひこの節電・節約マニュアルを参考にして、お財布にも地球にも優しい電気の使い方にトライしてみてください。

このようにハラハラドキドキしながらも、電気の個性をつかんで相互理解を深めていくと、絆がどんどん深まっていって、電気が大切な家族の一員になっていきました。電気というキャラクターを知れば知るほど、愛おしくて可愛い存在になっていったのです。

当初は、電力会社への対抗心や社会への反発心ともいえる心持ちで挑戦した電力自給生活でしたが、いつのまにかエネルギーを自給する暮らしのワクワクや楽しさが上回っていて、気づいたら電気という存在に夢中になっていました。

原発事故以降は、電気を悪者扱いして電気を使うことへの罪悪感にまみれていましたが、この生活を通してわかったことは、電気自体には罪はないということでした。そのつくり方と使い方が自然に沿っていたら、ともに調和して生きていくことは可能です。

こんなふうに意識や捉え方や感じ方が変わり始めたのは、オフグリッド生活がスタートして1カ月ほど経ったころでした。

同時期に、偶然ある法則を見つけます。それは、雨が降った翌日は発電量がぐんとアップするという現象。パネルに付着しているチリやホコリなどの汚れが、雨によって洗い流されることで発電されやすくなることを知ります。

雨が発電量を上げるという、いままでは考えられなかった事実。それまでは雨が降ると落胆していましたが、久しぶりに雨が降ると翌日の発電量アップの期待に胸が膨らむようになりました。

こう考えると、晴れでも雨でも自然の恵みとはいつでもありがたいものです。

そんな折、さらに偶然の発見がされます。夕方くらいまでいろいろな家電を動かして電気をたくさん使った日のこと。使いすぎてしまったことを心配していました。

しかし、その不安とは裏腹に、この日は4㎾hという高い発電量の結果が出たのです。

まさかの4㎾h超えにひとつの仮説が浮上しました。それは、家電を使うとシステムが刺激されて発電量が上がるのではないかということ。それから同じようなことが何度も何度もあり、これはひとつの法則に違いないと確信し始めました。そこで次のようなことが判明しました。

（1）太陽がパネルを照らして発電が始まると、その後2時間ほどで急速にバッテリーに充電される。
（2）それ以降は、1時間につき400w程度の少ないペースで、バッテリーに入りすぎないように丁寧に充電される。
（3）この間、充電されないものは行き場をなくしてある。
（4）この余剰分を家電を動かすなどして消費すると、発電量として換算される。

つまり、捨てられてしまうものを有効的に使うことで、それがひとつの生産としてみなされるのです。

「電力消費」と「発電」という相反するものが、ひとつに合体されて電気を生みだすことになるなんて、電気って本当におもしろい！

電気のキャラクターをつかむと、魅了されて虜《とりこ》になってしまってたいへんです。オフグリッド生活って、これだからやみつきになります。

こうしてたどり着いた、「家電を動かせば動かすほど発電量が上がる」というカラクリ。いかに節電して電気を使わないようにするかということに躍起なっていたわたしにとっては衝撃の逆説的な原理です。

消費すればするほど増えるなんて、お金を使えば使うほどお財布に入ってくるみたいなもの。まさしく黄金の法則とはこのことです！

この法則を自分たちのモノにしてからは、1日に7㎾hを超える発電量をたたき出すことができるように。電気をチビチビ使って4㎾hで喜んでいたころが懐かしいものです。

どうやら人間には、置かれた環境や状況で必死になって生きているうちに、いろいろな発見や道理を得て法則を導き出したりして、より豊かで心地よい生活に向上させていく能力があるようです。

新しい世界に飛びこんでみたときに発揮される人間の適応能力は計り知れません。進化とはきっとこういうことなのでしょう。

Column 01

# 「太陽光発電は環境に悪い」説を考える

太陽光発電の環境性能が問われるとき、よく言われるのが、パネルが含む有害物質や廃棄問題です。

そこで、環境系の専門家に相談したり、自分たちで調べたり勉強しました。いろいろ吟味して出た結論が、「個人宅においては、太陽光発電が一番現実的で、しかも環境への負荷が少ない」ということでした。

太陽光パネルには、シリコン系、薄膜系、合金系などの種類があります。

リサイクルの観点から見ると、シリコン系は複雑ではないのでリサイクルが可能です。実際に国内にはそれを担っている企業や施設があります。

それを踏まえて、シリコン系パネルを選択することにしました。

一番背中を押してくれたのが「エネルギーペイバックタイム（EPT）」という考え方です。生産時に使ったエネルギーを取り戻す時間のことを指します。

一般的なシリコンパネルを製造するのに使われるエネルギーは、2年ほどで回収できるそうです。つまり、2年以上使えば、その後はプラスになるので長く使えば使うほど環境にプラスになります。

いまは太陽光パネルの性能が高まって寿命が20～30年まで伸びたので、十分すぎるほど取り返せます。

逆に、現在電力会社が電気を生みだすのに使っている化石燃料は永遠に再生できません。石炭は3億年、ウランはなんと20億年。途方もない年月をかけてできたものなので、エネルギーを取り戻すのにかかる時間はもはや計算できません。

EPTの観点から見ると、いまの商用電力をそのまま使い続けることのほうが圧倒的に環境に悪いと言えるでしょう。

わが家の独立電源システムの環境への配慮に関して、太陽光発電に詳しい方から次のような見解をいただいています。

①使用している太陽光パネル（パナソニックHIT240）は単結晶シリコンとアモルファスシリコンの合板で、砕いたら砂と同じ成分になるため廃棄における有害物質というのは基本的にない。

②それ以外のガラスやアルミや鉄などの金属類はリサイクルできる。

③バッテリーとして使用している鉛蓄電池もリサイクルルートが確立されている。

以上のように、全体を見ても、非常に環境に優しいそうです。

とは言っても、プラスチックなども使われているので、全部が全部、環境に優しいわけではありません。もっと技術が高まって進化して、土に還る太陽光パネルやバッテリーなどが生まれることを願っています。

残念ながら、完璧な答えや正しさはありません。俯瞰的に見て、いま最大限できる〝よいこと〟をその都度選択して、世界を整えていきたいものです。

Chap.
04

# 東電が家にやってきて、一夜にして人生が変わる！

電線を切って、電柱を大地から引っこ抜いて、電力会社ではなく太陽と契約し直して、完全なる電力自給生活がスタートして1カ月ほど経ったころのこと。仰天する出来事が起きました。

ある日の昼下がり、リビングでのんびりくつろいでいると、庭をウロウロ歩いている人が家の中から見えました。知らない人が何度も行ったり来たりしながら、家の周りをグルグル歩いていています。

この人誰だろう？　何をしてるのだろう？　物騒で怖いなあ……と思って身をひそめていると、ピンポーンとインターホンが鳴りました。

ついに家にまで入ってくる恐怖に怯えながらおそるおそるモニターを見てみると、そこには中年のおばさまがひとり立っていました。

「はい？」と応答すると、「東京電力です。お話がありますので、出てきてもらえますか？」とのこと。家の周りをグルグル徘徊していたのは、東京電力の関係者だったようです。

契約していないのに何の用件だろう？　とりあえず玄関に出ると、そのおばさまはちょっと困惑気味な表情で問いかけてきました。

「あのう、検針に来たのですが、電気メーターを探しても見当たらなくて……。どこにつけましたか？」

なるほど！　そういうことだったのか！　と、心の中でちょっとだけ笑ってしまいました。

と同時に、頭の中でいろいろな疑問が一気に駆けめぐります。

契約していないのにどうして来たんだろう？

契約していないのにどうして住所がわかったんだろう？

契約していないのにどうして引っ越してきたってわかったんだろう？

はてなマークがいくつも浮かびましたが、とりあえずお話ししてみることに。

「うちは東電さんと契約していないので電気メーターがないんですよ」と伝えると、

「え？　どういうことですか？」と聞いてきます。

自家発電であることを説明すると、「ジカハツデン？」となんのこっちゃとさらに怪しげな表情。

意味が通じていない様子だったので、一番近くの電柱を指さして、「見てください。あそこの電柱から電線を引いていないでしょう？」と見てもらうと、「あら！　本当だわ！　電線がないわ！」と驚きのご様子。信じられないと言わんばかりに屋根を見つめてあんぐりと口を開いています。

「いろいろ考えた結果、東電さんとはご縁を結ばないことにしたんです」と冷静に伝えて、「それでは失礼します」と言って玄関のドアをガチャリと閉めました。

この後なんだかモヤモヤが止まりません。家の敷地内に断りなくためらいもなく当たり前のように入ってきたことや、家にはメーターをつけることを前提として家は建てられているという一方的な見方に、違和感がぬぐえなかったのです。

それからさらに1週間後のこと。家の前に1台の車が停まりました。車から出てきた男性はきちんとしたスーツを着ていて、道の端から家全体を眺めてみたり、家の境界線ギリギリまで近づいて家の様子をうかがったり、周辺を行ったり来たりしては細かく観察しています。

こ、これは…これは…これはまさか……。嫌な予感を感じていたところ、またもやインターホンが鳴りました。

わたしにも学習能力があるようで、すぐにピンときました。モニターに映った男性のスーツの襟元にはあのマークの社章バッジが。そうです、東京電力さんです。しかも今度はちょっと偉い人がいらっしゃったのです。

東電担当者（以下、担）「近くの営業所からまいりました東京電力の者です。お宅のメーターについてお話があります」

サトウ（以下、サ）「先日いらした検針員の方にもお伝えしましたが、うちに電気メーターはないんです」

担「はい、うかがっています。どういうことか説明してもらえますか？」

サ「自家発電をしているんです」

担「失礼ですが、どのように暮らしているのですか？」

サ「屋根の上に太陽光パネルを乗せて、それで発電しています」

担「はい、太陽光パネルは外から確認できました。これだけですか？」

サ「あと、裏庭にある物置に蓄電池があります」

担「はあ、蓄電池ですか……ほう…ふむ…うむ…」

どうやら想像できない暮らしのようで、首をかしげられてしまいました。

さらに問いは続きます。

担「この一軒家の電気をすべて自家発電したものでまかなえるものでしょうか？」

サ「1カ月ほどこうしてふつうに暮らせておりますが……」

横浜という都会で営まれる一軒家の暮らしをまかなえる電気を、たった8枚の太陽光パネルで生みだした電気だけで生活するなんて、きっと電力会社で働く人にしてみたら考えられないことなのでしょう。

電気が不足するような状況があってはならないのが電力会社のお仕事でありお役目。つねにありあまる電気をつくり続ける責任を持つ立場の人にとっては、きっと想像もつかないこと。絶対に足りていないはずだ。その足りない分は何かしらの方法で電線から供給している可能性もあるのではないか。どうやらそのように思われてしまったようです。〝東電〟に〝盗電〟を疑われるという、ダジャレのようなことが起きたのです。

穏やかで丁寧で感じのよい担当者だったのですが、検針員とのやりとりの後に感じたようなあのモヤモヤがまた心を覆いました。

なんというか、電気は電力会社だけのもので、それ以外の電気を生活に使うなんてけしからんと言われているようだったからです。

自家発電しながらみんなと変わらない暮らしをできているにもかかわらず、そんなことが本当にできるのか？　と疑いの目で見てくることに、電気に対するお互いの認識や前提がまったく違うことを肌で感じました。

でも、これは電力会社に限らず、多くの人たちが持っている電気への見方と言えるでしょう。

常識とはあくまでも個人が社会を見るフィルターであり色眼鏡みたいなものなので、環境や時代や考え方が変われば、感じ方や捉え方や見方が変わります。

わたしは電力会社から電気を買うという常識から抜け出して、自分の家でつくるのが当たり前という常識にシフトチェンジしました。すると、いままでふつうだと思っていたものがまったく別のものに見えて、それまで浮かびもしなかった疑問が次から次へと生まれてくるようになりました。

空を見上げると網のように張りめぐらされた電線。道を歩いていると数メートルおきに立てられている電柱。

一民間企業である会社が、なぜ国土の狭い貴重な日本の土地にこんなにも多くの電柱を立てることを許されているのだろう？　電柱の面積を合わせたら国土のどのくらいの割合を占めるのだろう？

契約してお世話になっていたころは浮かびもしなかった考えや見方が、自然と生まれてくるからおもしろいものです。

そんな新たな視点を持ったことで、ひとつのゲームを編み出しました。その名も「家から最寄り駅まで何本電柱を見つけられるかゲーム」。

これをやってみると、あまりの多さに途中で心が折れて断念するほどの数字でした。電柱ゲームはけっこうハッとさせられ、新しい視点を持つきっかけにもなりますので、みなさんもぜひトライしてみてください。

ちなみに、世界では無電柱化が進んでいて、日本は恥ずかしいほど遅れています。

国土交通省の発表によると、ヨーロッパの主要都市であるロンドンやパリやハンブルグでは無電柱化は１００％です。同じアジアの主要都市である香港やシンガポールや台北では90％以上となっています。お隣の韓国のソウルでも50％近くまで達しています。かたや、東京23区では８％、大阪市では６％というお粗末な状況です。

ロンドンは好きな街のひとつで何度か訪れたことがありますが、景観がとても美しく、ただ散歩をするだけでも素晴らしい観光になります。

電柱や電線がないため、道路にはのびのびと枝葉を大きく伸ばした立派な街路樹が並びます。また、市内の公園には樹齢を重ねた樹木が育ち人々の憩いの場となり、鳥やリスなどの命のゆりかごとなっています。

一方、この国では1年のあいだに約8万本のペースで電柱は増え続けていて、世界の動きと逆行しています。

近年、台風や地震の災害時に電線が木に引っかかって停電するという理由で、樹齢１０0年近い貴重なイチョウなどの大木が次々に伐採され、街並みから消えています。

街の景観を美しく保ち、小動物の住処として命を与えている彼らの存在を邪魔者扱いするのはいかがなものかと思います。むしろ、電線のあり方やそのような街の設計をしている人間側の姿勢を見直すべきではないでしょうか。

じつは、このオフグリッド生活を決めた理由の一つに電柱問題がありました。

構想の初期段階では、念のためバックアップとして電線とつながっておいて、バッテリーが減ったら電力会社から電気を供給してもらえるようにしようと考えていたのです。最低限のアンペア数で契約をして、保険料のようなかたちで基本料金を支払うつもりでいました。

しかし、一番近い電柱が家から少し離れているために、電気を引くには新たな電柱を敷地内に立てる必要があることが判明しました。ここまで電気と向き合って一念発起してこのような家を建てるのに、電柱を敷地内に立てるなんてなんだか格好がつきません。それよりも、電柱を立てるくらいなら大好きな樹を植えたいと思い、完全に電線との関係を断ち切ったのです。

バックアップなし！　保証もなし！　甘えもなし！　この思い切りと大胆さと引き換えに、新たな世界の扉を開く鍵をつかんだのです。

電力会社の社員が二度も家にやってきて問答が繰り広げられるという、ふつうに暮らしていたら絶対に起きない珍しい出来事。

このときのやりとりで感じたことをしっかり刻んで残しておきたいと思い、当時オフグリッド生活について書き始めていたブログで綴ることにしました。

記事のタイトル名は「東電が我が家にやってきた（汗）」と、そのまんま。

投稿すると、瞬く間にどんどんシェアされて、なんとたった1日で3万シェアを超えていったのです！

それからもどんどんシェア数は増えて、ＳＮＳ上で多くの人たちがこの記事を紹介してくださり、「アメブロランキング」の2部門で1位を獲得して、日本中の人たちからメッセージが押し寄せました。

ニュージーランドやフランスやアメリカなど国境を越えた国々に住む人たちからもメッセージが届き、気づいたらメッセージボックスは１０００通を超える応援メールでいっぱいに！

「がんばってください！」「これからの暮らしの発信を楽しみにしています！」「オフグリッドおもしろそう！」「この挑戦はみんなの希望です！」など、嬉しい言葉をたくさんいただきました。

さらに、まったく予想もしなかった展開が待ち受けていました。それは、テレビや新聞や雑誌やウェブマガジンなどのマスメディアからの取材オファー。この暮らしについて取材させてほしいと、多数の媒体から連絡が殺到してひっぱりだこ状態！

どんな取り上げ方をされるかわからない恐れや、メディアに露出することでさまざまな反応や風当たりを受けることになる不安から、取材を引き受けるか迷いに迷いました。

でも、都会のど真ん中からオフグリッドムーブメントを起こすことを意図して挑戦したのだから、これは突破しないといけないプロセスのひとつなのかもしれない。こうなったらどんなことも甘んじて受け入れよう。そう腹をくくり、ほぼすべての取材を受けることにしました。

すると、どのメディアもインタビューで答えたことを真摯に受け止めてくださり、脚色することなくとても良い記事や映像にまとめてくださいました。

東日本大震災と原発事故以降、マスメディアが発信する情報を信じられなくなっていましたが、わたしの力では届けることができない人たちにこうして真実の情報を届けてくれることに、感謝の気持ちでいっぱいになりました。


そして、講演会やお話し会の依頼もどんどん舞い込むようになって、オフグリッド生活について多くの人たちに直接お伝えすることが、活動の大きな柱となっていきました。

エネルギー関連の団体、環境に配慮した商品を扱っている会社、建築関係の企業、助産院、地域やコミュニティで活躍している方々など、さまざまな立場の人たちが主催して招いてくださり、南は沖縄から北は北海道まで足を運んでいます。

それまで憧れをもって尊敬していた人や企業からお声がけいただくことで自信がついていきました。主催してくださった方々とは、ご縁が育まれ、これからの地球の未来を拓いていく同志のような、助け合う家族のような関係になっています。そのような地球家族が日本中に生まれたことは人生の宝物です。

また、自宅の見学の問い合わせが多かったこともあり、見学会とオフグリッドセミナーを合わせたイベントを1年に数回のペースで開くようにもなりました。

これは毎回あっという間に満席となってしまうほどの人気ぶりです。いままで参加された方は200名を軽く超えていて、自宅のオフグリッド化に踏み切った勇気ある家が何軒も生まれました。そして、その方々はそれぞれの暮らしを発信して、さらにオフグリッドの輪を広げています。

こうして、ごくふつうの一般的な主婦でしかなかったわたしは、一夜にして人生が変わりました。

魂が望むままに一本の電線というグリッドをほどいたことで、それまでの人生では決して出会うことのできなかった素晴らしい人たちと多くのつながりを結ぶことになりました。

ムーブメントを一緒に起こしてくれる心強い味方や仲間がどんどん現れて、願っていた夢が本当に現実となって起こり始めたのです。

ああ、人生とはなんてドラマチックなのでしょう！

Chap.
05

# 同じ雨でも梅雨と秋の長雨ではまったくの別物

電力自給生活を始めるとき、いちばんの不安要素が梅雨でした。

雨の日が続くこのシーズンを、27㎾hのバッテリーで果たして乗り越えることができるのか？　周囲にも、「梅雨の時期、どうするの？」「梅雨のあいだ、心配だね」と言われ、自他ともに梅雨時期の電力不足問題を危惧していました。

太陽光パネルは8枚と少なめなので、梅雨のあいだにもし電力が底を尽いてしまったら、そのときはパネルの枚数を増やそうと思っていました。しかし、まったく問題ナシの万事順調という意外な展開が待っていました。

というのも、5月の立夏を迎えると、太陽の強い光が高い角度から降り注ぐようになって、どんより曇り空でもシトシト雨模様でも、その雲を突き抜けて太陽光パネルに到達するのです。

梅雨時期の1日の平均発電量は4・12㎾hで、バッテリーも毎日日没時には100％充電されています。

しかも、雨が降るとパネルのチリやホコリなどの汚れが洗い流されるため、発電が絶好調！　雨が止んで晴れ間が出たときは、信じられないほどたくさん発電します。

これは、パネルについた水滴に太陽光が当たることで乱反射を起こして、光だらけとなったパネルで大量の発電がされるからだそうです。このようなわけで、あれだけ心配していた電力不足問題は肩透かしをくらったのでした。

梅雨のこの時期の太陽は、曇りや雨をものともしない強さがあります。

逆に、冬のほうが大変です。鉛色の空で、太陽は低く、光の強さもないため、どんより曇り空が続いたり雨や雪が降ったりすると、ほぼ発電しません。

しかも、エアコンやストーブなど熱を生みだす電力消費の激しい家電を動かさざるを得ないので、これが苦しさに拍車をかけます。

電力自給生活の弱点は梅雨の時期かと思いきや冬のほうだったのです。

ピンチだと思っていた梅雨の時期に、まさかこのような左ウチワなことになるとは思いもしませんでした。

ただ、ひとつ困ったことがあります。それは洗濯。

マンションに住んでいたころは、雨の日に洗濯をしようと思ったら、洗濯機の乾燥機能を使って乾かしていました。

しかし、このオフグリッド生活にしてからは、電力を大量消費する乾燥機は一度も使っていません。

それに、雨が降っているにもかかわらず無理やり洗濯をすること自体が、自然からどれだけかけ離れているかということがよくわかったのです。雨の日は洗濯しないという潔いスタンスを貫くことになりました。

それゆえ、雨の日が何日間も続くと洗濯物がたまってしまい、洗濯カゴから服や下着があふれかえることに……。

カゴに入りきらないものは直接洗濯機の中に。それでも入りきらなくなったものは、洗面所の床に直接置かれて山盛り状態。

晴れた日は洗濯機を3回以上回してすべて洗いますが、今度は物干し竿に干しきれません。パネルは増やさないで済みましたが、物干し竿は一本増やさないといけない状況になりました。

雨の日が1週間以上続いたときのこと。夫のパンツが底をつきました。梅雨どきに底をついたのは、バッテリーではなくパンツのほうでした。

こうなったら、いよいよあの家電の出番です。ずっと避けてきた洗濯乾燥機です！

電気は熱を生みだすのが大の苦手という性格をしています。苦手なことを無理強いさせると、大量の電力消費というカタチでやり返されます。節電を心がけるのであれば、いかに電気で熱をつくらないかがポイント。

「電気で熱をつくること＝悪いこと」という考えでいたので、何時間も温め続けて熱で乾かすこの乾燥機はわたしにとって極悪に近く、これからの人生で使うことはもうないだろうと思っていました。

しかし、これだけ電力があまっているのに使わないほうが、もっと悪いことなのではないかと思い直すようになったのです。せっかく天からいただいたエネルギーを無駄にしてしまうのは、大切に育てた野菜でつくった料理を食べずに捨ててしまうのと一緒。

電力計算をしてみたところ、洗濯から乾燥まで含めておよそ2・5㎾h弱であることがわかりました。2・5㎾h分くらいなら1日の発電量の中でクリアできるので、ここは考え方を変えて、ありがたく乾燥機を使わせていただくことに。

たんまりたまったバスタオルやら下着やらシャツやらをドラムに入れてセットして、洗濯・乾燥ボタンをスイッチオン。

パネルに表示された「3時間49分」という時間を見て、本当に最後までできるのかなと若干ヒヤヒヤ。

そのときの蓄電量や発電がされているかが確認できるモニターがキッチンの壁についているのですが、乾燥中に何度も何度も見に行ってしまいます。

チェックするたびにチャージングボタンは点灯していて、消費電力量より発電量が上回っている状態をキープし続けました。

こうしておよそ4時間が経ったころ、無事に洗濯と乾燥が完了。蓄電量をチェックしてみるとほぼ満タンでした。

原発事故以降、電力会社のつくる電気を使うことに対して罪悪感があったために、節電マインドが身体と精神の奥深くまで染み込んできました。

しかし、このオフグリッド生活では、地球が何億年もかけてつくった化石燃料を燃やすこともなく、CO2を排出することもなく、放射能の問題もなく、誰かが犠牲になることもなく、平和な電気がつくられます。

天が与えてくれるこのピースフルなエネルギーをありがたく受け取って、無駄にしないように最大限使うことのほうに意識が変わっていきました。

もう我慢せずに積極的に乾燥機を使って、梅雨どきの洗濯を助けてもらうことに決めたのでした。

　こうして梅雨をなんなく乗り越えたものの、秋が来ると事態は一変します。8月中旬から9月初旬にかけて、雨と曇天の日々が続きました。ニュースによると、8月最終週の日照時間はたった3時間。おひさまの恵みがあってこその電力自給生活。いままで順調になんのトラブルもなくやってきましたが、初めて雲行きが怪しくなります。

　気になってモニターを見てみると、発電がされていません。バッテリーへの充電もされていません。同じような天気が続いた梅雨どきは、まったく問題なくすごせていましたが、6〜7月と8〜9月では状況が違うのです。

　その理由は太陽の変化。地上では8月という夏真っ盛りなシーズンに見えても、天体では立秋を迎えているので、太陽の高さが低くなってパワーも落ちてきます。

　そう考えると、日本の旧暦はよくできているとあらためて感心します。

　梅雨のときは、どんなに鉛色の曇り空であっても、雨がシトシト降っていても、立夏を迎えた元気な夏の太陽の光が高い角度からパネルに到達するので、肉眼でその姿が見えなくてもガンガン発電してくれていました。

　しかしいまはもうあのときの勢いのあるおひさまではないのです。まだまだ残暑が残っていて夏は終わっていないように感じても、確実に秋が始まっていることがよくわかります。

8月前半は1日6〜7kWh発電していたのに、後半の曇りや雨の日々はたった1〜2kWhの発電。冷蔵庫の1日の消費電力量が750Whなので、それをまかなえるくらいのぎりぎりの状態。

鉛バッテリーは50％の残量を切ってしまうと劣化が進みやすくなるので、半分を切らないようにすることがとても大切です。だんだん近づいてくる50％のラインに気が気でありません。しかし、おひさまに合わせることしかできません。

ということで、じたばたせずにここは静かに読書に集中することに。

降ってくる雨は仕方ない。ただただ受け入れよう。余計な心配をしても何もできないのだから。晴耕雨読の暮らしに沿ってひたすら本を読もう。

こうして雨が続けば続くほど読書三昧となって、気になっていた本を何冊も読破できて満足することになりました。そして、電力温存のためにいつも以上に早く寝てしまうので睡眠三昧というおまけもついてきました。

電気貧乏に反比例して、読書富豪・睡眠富豪の日々。しかも、電力に余裕がないことを理由に、洗濯やアイロンなどの家事をしなくていい正当なお許しがもらえるという、主婦にとってはまたとない貴重な機会を得ることになったのです。

堂々とラクができて、好きなだけ読書ができて、いっぱい寝られる日々。

これは貧乏どころか贅沢なこと。物事はどの側面を捉えてそれをどう受け取るかによって変わるということを、秋の長雨から教えてもらいました。ひょっとしたら、幸せか不幸せかは自分が決めているだけなのかもしれません。

9月の初め。朝起きるとザーザーの雨。まだ夜なのではないかと思うほど外は薄暗く、発電を知らせるモニターのチャージングボタンも点灯していません。

この日は一日中雨の予報で、ニュースによるとこの先1週間も曇りか雨の天気が続くとのこと。これはさすがにピンチです。

全国のオフグリッド仲間から、互いの状況を確認しあうメッセージが次から次へと届きます。ある人からは、バッテリーが0%になって停電したという連絡が入りました。

いよいようちもついにそのときを迎えるのだろうかと、不安と覚悟が入り乱れます。

すべてを受け入れようと肚をくくったつもりでいましたが、いざ0%が近くなってくるといてもたってもいられないのが人間というもののようです。

こうなってくると、自分よりも相手の電気の使い方が気になって仕方ありません。

この日の朝、洗面所では出勤前の夫がヘアドライヤーで髪を乾かしてセットしていました。それを横目に見ながら、キッチンで朝ごはんとお弁当を用意しているわたし。

意識はついつい洗面所に向いてしまいます。ヘアドライヤーは熱を生むので、電力消費がわりと多い家電のひとつだからです。

1分経過してもまだ終わらない……。

3分経過してもまだ終わらない……。

だめだ、もう我慢できない！　菜箸を置いて洗面所に向かいドアを勢いよく開けて叫びます。

「お願い！　もう止めて!!」

命を乞うような目で懇願した結果、彼は髪が半乾きの状態で出勤することになってしまいました。

その日の午後、予報がはずれて2週間ぶりに晴れ間が広がりました。

久しぶりのおひさまとのご対面に胸が高鳴り、希望であふれかえります。

オフグリッドな暮らしをするまでは、晴れ間にこんなに胸をときめかせることはありませんでしたが、いまのわたしにとって太陽は愛する大切なパートナー。会えたときの喜びといったら言葉で表せません。

この日の日照のおかげで無事にバッテリーは100%まで充電完了。なんだ、こんなことになるなら好きなだけヘアドライヤーを使わせてあげればよかった、と後悔したものです。

その晩、会社から帰宅すると、髪が濡れたままで出勤させてしまったことを深くお詫び申しあげたのでした。

Chap.
06

# 菜園は小さな地球

電力自給の他にもうひとつ極力自給しているものがあります。それは野菜です。エネルギーと食糧の二つの自給を土台としています。

もともと家庭菜園をして暮らすのが夢だったので毎日ウキウキ。春はエンドウや菜の花、夏はインゲンやゴーヤやトマトやキュウリ、秋はゴボウやニンジン、冬はダイコンやハクサイが収穫できます。

冬は育てた大豆を味噌づくりの材料に加えて仕込んだり、夏は梅の木の実で梅干しをつくったりと、毎年のそのシーズンが来るたびに季節を味わいます。

たった10畳ほどの小さな菜園なので、自給率は低く、食卓に少しあがる程度ですが、それでもそこは命の祝福があふれる楽園です。

蒔いた種の発芽を待ち遠しく眺めたり、いままさに食べごろを迎えた旬な野菜を収穫したり、次の代へと受け継がれる種をサヤから外したり。

それは、過去・現在・未来がつねに並行しながら循環している時間で、命がずっとずっと続いていく安心感に満ちた空間。この平和で豊かな小さな場で、命を育む嬉しさ、触れる優しさ、つなぐ尊さなどを知り、人間がどのような心持ちで自然に対して接していけばいいのかを教わりました。

わたしにとって菜園は小さな地球です。美しい水と空気と太陽の光、目に見えない微生物たちが活発に生きている大地、そこで元気に育つ植物、その植物に集う虫や鳥などの動物たち。そこに住まう生きとし生けるものたちがつながり合い生かし合う、多様で健やかな環境をいつも保ちたい。そう思い、いわゆる〝自然農〟に挑戦することにしました。できるかぎり自然にまかせ、農薬は撒かず化学肥料も使わず雑草も抜かず極力人間の手を加えません。

と言っても、電気の知識がまったくないまま始めた電力自給ライフと同じく、野菜の栽培方法の知識もまったくないまま始めた家庭菜園ライフ。

〝自然農〟という響きに魅力を感じるままに、それをテーマにした本を何冊か読んで実践することにしました。

川口由一さんや竹内孝功さんの本を参考にしながら、畝をつくらない不耕起《ふこうき》で、雑草を抜かず、農薬や化学肥料を使わず、糠をうまく利用しながら土を肥やしていくスタイルで育てることにしました。

常識を覆す育て方なのでビックリされるかもしれませんが意外とうまくできました。雑草のあいだから大きく育った立派な野菜たちがたくさん顔を覗かせてくれます。

自然農に関するさまざまな本を読んで、特に感動したのが雑草の役割です。

それらが根を張ることで土の中に酸素を送りこみ、土を柔らかくし、pHバランスを調整し、土壌菌の繁栄に寄与し、野菜にとって心地よい環境をつくることを初めて知ったのです。忌み嫌われる雑草が重要な役割を担っていたことに感銘を受けました。雑草育成は土壌育成。むやみやたりに抜くことはせずに優しく刈ったり切ったりしています。さらに、それを野菜の根元にかぶせてマルチング（畑の表面を覆うこと）にしています。こうして野菜と同じように雑草も大切に育てることにしました。

すると、雑草を大切に育てれば育てるほど、トラブルが起きにくくなることに気がつきました。

雑草の間に種を埋めるので鳥に見つかりにくいようで種が食べられずに済みます。雑草と野菜がお互いにカラダを支え合っているので台風が来ても倒れません。雑草が土を覆っているので水分が蒸発しにくくいつも潤っています。雑草が野菜を囲っているので冷たい風や霜からも守られて冬場でもすくすく育ちます。

野菜は雑草を必要としていて、雑草は全力で彼らを助けていて、まさしく〝共生〟という言葉がピッタリです。

しかしながら、雑草が繁栄している菜園なので、ご近所の方々からはお手入れができない怠慢でズボラな住人だと勘違いされて注意されるのがちょっと厄介なところです。

野菜の一生を見届ける中で一番感慨深くなるときが、種採りをしているときです。次の命をいままさに手にしていると思うと厳かな気持ちになります。

種には「固定種」と「F1種」というものがあります。固定種とは、何世代にもわたりその土地の気候や風土に適応するよう育ってきた品種のこと。遺伝情報が次の代、その次の代へと脈々と受け継がれていきます。

一方、F1種とは、異なる親を交配させて、〝いいとこどり〟をしたもの。両親に比べて収量が高くなりますが、この遺伝情報は一代限りなので翌年に同じものはできません。

戦後、このF1種の研究が進み、現在一般的に流通している野菜やホームセンターなどで売られている種苗はほぼすべてF1種です。

菜園ではF1種ではなく固定種を蒔いて野菜を育てているのですが、年々虫に食べられにくく丈夫な野菜へと進化していく様は目を見張るものがあります。菜園の土壌やそこに住まう虫やこの地域の気候などの情報が、次の代にしっかりバトンタッチされるようです。種を通じた連綿たる命のリレーには感心させられっぱなしです。

引っ越してきて初めて野菜を収穫して料理をした日は一生忘れないでしょう。特に、ゴボウは大きな感動と発見を与えてくれました。成長したゴボウは地下50センチ近くまで伸びるので、穴を掘るだけでも一苦労。夫が蚊と格闘しながら汗水たらして30分もかけてやっとの思いで地中から取り出したとき、思わず歓声が上がります。そしてハイタッチ。スーパーで売られているゴボウを買ってハイタッチすることはありませんが、自分たちの手で育てるとひとつひとつが感動を伴うので、思わず全身で表現したくなってしまうもの。

野菜を買っていたときはまったく想像することもなかったゴボウの土の中での姿。地球の中心に向かって力強く伸びている様に目が釘付けになりました。

そのもの自体はいくらでも知っていながら、それがどのようにしてそうなるかという過程をまったく知らずに生きていることにハッとさせられた瞬間でした。

スーパーで売られている切り身の魚の姿しか知らない現代の子どもたちが、魚の絵を描きましょうと先生に言われて画用紙に四角い物体を描いたという話は仰天エピソードとして聞いたことがありますが、わたしを含め多くの人たちも似たようなものなのかもしれません。

ニンジンはこんな面白いかたちの種をつけるんだ！　オクラはこんなキレイな花を咲かせるんだ！　ゴボウはこんな大きな葉っぱになるんだ！　など、新たな発見にあふれている菜園はまさにワンダーランドです。

苦労と感動の結晶である野菜たち。ひとつひとつがとても愛おしくて、料理するときの心のありようがいままでとまったく違うものへと変わりました。

収穫したゴボウでキンピラをつくることにして包丁を入れた瞬間に、心の深いところから自然と「ありがとう」という言葉が出てきました。

皮もヘタももったいなくて剥いたり捨てたりできません。この可愛い子どもたちをあますことなく料理として新たな命に変えるプロセスを、ちゃんと見守って完成させてあげたいと思ったのです。

いままでは適当に切って適当に味付けをしていましたが、丁寧に切って必ず美味しい料理になるように集中してつくりました。

こんなに野菜をすみずみまで見るのも初めて。こんなに丁寧に洗うのも初めて。こんなに優しく切るのも初めて。こんなに注意深く味付けするのも初めて。こんなにお皿への盛り付けをこだわるのも初めて。

野菜への尊厳と自然への敬意から、ひとつひとつの所作や振る舞いや行動が否応なく丁寧になってしまいます。

調理とは、「理《ことわり》」を「調《ととの》える」と書きますが、自分が育てた野菜を初めて調理したこのときに、生まれて初めてその意味を体感・体得できました。

自然への感謝が伴う調理をすることで、自分の心の中が調い、行動が調い、社会が調い、世界が調っていくのかもしれません。

初めて野菜を収穫したこの日のご飯を食べたとき、その力強い大地のパワーが口から身体全体へと素早く広がって、何かのスイッチが入ったかのように目がカッと開きました。

明らかに生命力が違うのです。いままで食べてきた野菜はなんだったのだろうと思うほど別次元のもの。歯ごたえがあってみずみずしいゴボウ、まるで果物のようにフルーティなニンジン、柔らかくて甘いダイコンの若菜。それぞれの野菜の味が120%発揮されていて、個性が伸びやかに無限に広がっていて、自分の命を生きていることへの歓喜の声が聴こえてくるかのようでした。

このとき、〝命をいただく〟の意味は、食材の持つ命をただもらうのではなくて、生きる喜びを知っている植物という存在を食することで、自分自身が生きている喜びに気づくことなのだと悟りました。

栄養素やカロリーには換算できないエネルギーという波動。それはきっと生命が躍動するバイブレーション。そのような何か深遠な要素が身体に入ってきた、初めての経験でした。

一口食べるたびにその高い波動に身震いして、「美味しい！　みんなありがとう！　ありがとう！　ありがとう！」と、目に涙を浮かべながら何度も何度も菜園という小さな地球に向かって叫んだのでした。

Column 02

# アーシングのすすめ

ある日のこと。菜園のお手入れをしようといつものように足を踏み入れたときに、なんだか靴を脱ぎたくなりました。

こんなにも豊かさをもたらしてくれる場所を、硬いゴム底で踏むことにちょっとした抵抗が生まれた瞬間でした。

でも、外で裸足になるなんて、服を脱いで裸になるのと同じようなこと。

思わず周りをキョロキョロ見渡してしまいます。「よし！ 人はいない！」と確認して、素早く靴と靴下を脱いでその場に立ってみると、あまりの気持ちよさに驚きました。

大地の柔らかさ、雑草のひんやりした冷たさ、葉や茎の湿り気のある感触など、足裏に伝わってくるすべてが気持ちいいのです！

こうして、この日は裸足で何時間も夢中になって草刈りをしました。

その日の晩のこと。さて寝ようと布団に身体を横にしたら、身体が浮いてしまいそうなほど軽いではありませんか！

なぜかわからないけれど、幸福感がこみ上げてきて笑いが止まりません。こんなことは初めてで、いったいどうしちゃったんだろうと戸惑いながらも、裸足で長時間大地とつながっていたことが関係していそうなことを、直観的・本能的に感じました。

あとからわかったことですが、裸足で大地

を歩くことはアーシング効果をもたらして、心身の調子を整えるそうです。

身体と大地がつながることによって、体内にたまっている電気が地中に放たれて、逆に大地からはパワーをもらって蓄えることができるとのこと。

地球上では毎分何千回と発生する落雷によって、地球の表面にはいつでも膨大な電子が供給され続けています。

伝導体でもある人間の身体は、裸足になることで自由電子の無限の宝庫である地球とつながり、体内電気が安定して本来のリズムを回復することができるそうです。

現代を生きるわたしたちは、電化製品や携帯電話など電磁波の中で生活をしていて帯電しています。さらに、電気を通さないゴム底の靴を履いて生活しています。

そうすると電気は身体にたまる一方。だからドアノブに触れたときに静電気でビリッとなるわけですね。

人間の身体には、常に電気が流れています。電気信号が神経をつたって脳や筋肉とやりとりをすることで身体は動きます。また、心臓で電気信号が送られているからこそ、心電図という図を描くことができます。つまり、身体は電気機器とも言えるでしょう。

自分なりの体感と情報・知識が結合したら、ますます裸足への信頼が高まりました。それからは、菜園だけではなくて山道や海辺や川や湖などを裸足で歩いて、アーシングするようになりました。

草鞋や下駄からゴム底のある靴を履くようになって、土からアスファルトの道を歩くようになって、馬から車に乗って移動するようになって、田畑から建物の中で働くようになって、平屋から高層マンションに住むようになって、どんどん大地から離れていってしまった現代人。

大地との一体感をなくして分離したことで地球の気持ちがわからなくなり、環境破壊などをするようになってしまったのかもしれません。

もう一度みんなが裸足で大地とつながったら、置き去りにしてしまった母なる大地への愛おしい思いが蘇って、地球への接し方が変わりそうな予感がします。

握手をしたりハグをしたりして肌と肌を合わせると、相手に親しみが湧いて距離が縮まって仲良くなるもの。これからは意識して地球の肌と自分の肌を合わせてみましょう。

Chap.
07

# 虫たちを観察して知った、この世界の完璧な仕組み

菜園ですごす時間が増えると、虫たちを見る目が変わりました。最初は虫が苦手で、見つけるたびに「ひー！」とか「ぎゃー！」とか悲鳴をあげていましたが、そのうちに愛おしさと尊敬の念がこみ上げてくるようになって、アオムシでもカマキリでもなんでも手に乗せて戯れるようにまでなりました。というのも、虫たちを観察しているうちに、心から尊敬して信頼するようになったからです。

初めて虫たちが働き者であることを知ったのは、ダンゴムシの役割を発見したときでした。

自宅の東側は山となっているので落ち葉がたくさん積もります。そこに集うのがダンゴムシで、集団でせっせと落ち葉を食べて分解していきます。また、一生を終えた野菜が土に還ろうとすると、こぞってダンゴムシがやってきて食べて分解していきます。

彼らは土に還るべきものを助けてあげる親切な介助者だったのです。

そして、ナメクジの役割に気づいたことも、虫への信頼を強固なものにしてくれました。それは、育ちが悪く黄色く変色した野菜をナメクジが食べていることを発見したときでした。弱って病気になりかけている野菜が隣の健康な野菜に病気をうつしたり悪い影響を与えたりする前に、ナメクジが食べて処理をしてくれていると理解したのです。

発芽したときに虫が一切つかない野菜もあれば、虫に食べられて全滅する野菜もあります。土や時期にピッタリ合った野菜は、虫に食べられにくいことに気づきました。

「ここの土地には合わないよ」「込み合いすぎているから間引きしてね」「時期が合ってないよ」などなど、ご指導ご鞭撻をくれているのです。

虫がついたら、それは何かを教えてくれている証拠。そんな畑のお師匠様に向かって農薬を散布して殺すことなど、弟子のわたしにはとてもできません。

不要なものを取り除き、必要なものは残し、菜園の調和が保たれるように最善を尽くしてひたすら働いてくれている。そして、その空間で不調和を起こしそうなものを、人間よりもずっと早く察知して、食べることによって問題を解決して環境を整えてくれている。

こう考えると、虫たちがわたしに代わって畑のお手入れをしてくれているということで、とってもありがたい存在です。

こうして自然にすべてをまかせてみると、なんて完璧なシステムなのだろうと感銘を受けます。

すべてがつながりあっていて、ひとつひとつの存在に大きな使命と役割があって、お互いが大切な関係だと言えるでしょう。

どれか一つでも欠けてしまうと、総崩れしてしまう可能性だってあります。そう考えると、雑草一本抜いてしまうことや虫一匹を殺してしまうことに対しても考え方が変わってきます。

雑草や虫は、人間が気づかず至らないところをサポートしてくれる助け手です。虫が大好きになってからは、アオムシが足を這ってきてもクスクス笑ってそのままにしたり、カナブンがブーンと飛んできて肩に止まってもそのまま一緒にすごしたりと、抵抗がなくなりました。むしろスキンシップがとれて嬉しいくらいです。

ある日の昼下がりのこと。庭で裸足になって座って本を読んでいたときのことでした。

読書に夢中になっていると足先がチクチクしてきます。なんだろうと思っていったん本を閉じて両足を見てみると、驚く光景が目に飛び込んできました。

なんと50匹くらいのアリたちがワラワラと足の指に集まっているではありませんか！

「わ！　なにこれ！」と驚きながらよく見ると、アリたちはせっせと忙しそうに働いています。

得意の観察を始めると、爪の狭い隙間や指関節の皺や爪の甘皮などに小さな頭を突っ込んで噛んでいることがわかりました。

でも、悪意を持ってそんなことをしているようには思えません。虫は不要なものを処理する役割を持って生きているということは……そうか！　わたしの足指にたまっている汚れをキレイにしてくれているんだ！　と気づいて、そのまましばらくまかせることにしました。

チクチクする痛みや電流が走るようなビリビリ感が刺激的で、まさに〝イタ気持ちいい〟という言葉がぴったり。毛穴の詰まりが除かれて皮膚呼吸がラクになるような、そんな気持ちよさがあります。

1時間ほど働いて皮膚にたまった汚れのクリーニングが終わると、無事にキレイになりましたので帰りますと言わんばかりに、あれよあれよと去って行ってしまいました。

そのあとは足全体が軽くなっていてビックリ！　中東諸国では、「ドクターフィッシュ」

と呼ばれる小さな魚が泳いでいる水槽に足を入れて、古くなった角質などを食べてもらうものがありますが、まさにあのようなイメージです。それにちなんで「ドクターアンツ」と名づけたこの健康法は、わたしの大好きなナチュラルセラピーのひとつになりました。

こうして虫たちの偉大な働きに気づくと、なんとゴキブリへの認識も変わってしまいました。彼らは世界一清潔な虫であり家族の一員だと思うようになったのです。

夏になるとカサカサ羽音を立てて、キッチンで縦横無尽に歩き回る彼ら。インパクトのあるフォルムと質感が背筋を凍らせますが、決して殺さずに生かす選択をとることになりました。なぜなら、彼らは家にとって重要な存在だからです。

しかしながら、そこに至るまでには夫と一悶着ありました。

このオフグリッド生活を始めるまで住んでいたマンションは、害虫対策で定期的に強力な薬剤を撒いていたので遭遇することがありませんでした。

しかし、この自然な家には彼らも棲んでいます。初めて迎えた夏にキッチンでついにご対面。殺そうとする夫とそれを必死で止めようとするわたしのあいだで、初めてゴキブリ論争が勃発しました。

夫「うわ、気持ち悪い！　ホウキで叩いて殺そう！」
サ「お願いだから殺さないで！」
夫「なんでこんな虫をそのままにしようとするんだ！」
サ「このコたちは何も悪くないの！　食べカスとか油汚れや水汚れがあると、それを片付けようとして彼らは働いているだけなの。悪いのは家をキレイにできていないわたしたちのほうなのよ！」
夫「そんなの知るか！　気持ち悪くて寝られない！　俺はやっつけるぞ！」

そう言ってホウキでバンバン叩いて殺したのを見て、その残酷な出来事に気落ちしてしまい、顔色も失せてしまいました。
せめて庭の土に埋めて弔ってちょうだいとお願いして、その晩それ以上口をきくことはありませんでした。

中学生のときに、理科の先生がゴキブリの名前の由来は「御器舐り《ごきねぶ》」であることを教えてくれました。お茶碗などに残った食べカスや油を舐めてキレイにして、空間を清め整える姿からつけられたそうです。地域によってはありがたい存在として崇めていたところもあったとか。

だからこそ、名誉なことにも名前に「御」の字を賜れているのです。

しかしながら、実家では母が絶叫しながら新聞紙を丸めたものやスリッパで叩きまくり、殺虫剤を噴霧したり、粘着性のグッズで捕えたりしていました。幼いわたしの心の中は罪悪感でいっぱいでした。

これは推測にすぎませんが、なぜ夏場にだけ旺盛に活動するかというと、細菌の繁殖を防いでいるのではないかと思うのです。夏場は食中毒の問題がありますが、そのような原因を引き起こすものを先に阻止してくれているのではないか、と。

彼らは雑菌だらけの下水道の配管などを住処にしていて、とても汚い劣悪な環境にいながらカラダはピカピカで頑丈です。じつは地球上で一番抗菌力が高く清潔でキレイ好きな生物だという説もあります。

実際にキッチンで彼らの様子を観察していると、掃除をしてくれていることがよくわかります。糠漬けの樽をかき混ぜたときに床にこぼしてしまった糠のカスを食べていたり、洗った食器置きのヌメリを舐めていたり。すべて人間の至らない部分を彼らが処理してくれています。

わたしはこのような理由から、彼らを暮らしの中で大切な役割を担ってくれているありがたい家族の一員だと捉えています。

この考えと思いをきちんと伝えてからは、折衷《せっちゅう》案として軽くホウキで叩いて動きを止めて家の外に逃がすという方法をとることになりました。

あまりに数が多くて困ったときに効果を発揮したのが、クローブというスパイスを使った対策です。

ハーブの知識がある者として、虫対策で一番真っ先に浮かんだのがこのクローブでした。蚊など害虫と呼ばれる虫を遠ざける植物で、辛いシナモンのような香りがします。

これを小さな器に入れて、さらにクローブの精油を10滴ほど垂らして染み込ませます。これを彼らがよく出没するシンクの下などに置いておくと数が減り、姿を見せなくなることもあります。香りが消えたらまた精油を足して使います。

彼らが人間の役に立っていることに気づき、ともに平和に暮らせるようになることを願ってやみません。自然なものを使ってお互いにとって心地よい距離を保って、同じ地球という住処を分かち合いましょう。

Chap.
08

# あなたにもできる！
# 〝小さな発電所〟のつくり方

このオフグリッド生活をブログや連載コラムで発信したり、新聞や雑誌やテレビなどで取り上げてもらったり、セミナーやお話し会でお伝えすると、「楽しそう！」「羨ましい！」「やってみたい！」とよく言われます。

でも、その気持ちを行動に移すとなった場合、はてさてどうしたらいいのだろう？と疑問がわいてきますよね。

電力を自給するとなると難しそうに感じるかもしれませんが、そんなことはありません。なんとたった4つのアイテムさえ揃ってしまえば、お家が小さな発電所となって、今日からでも自家発電ライフが楽しめるのです。

それらを「オフグリッドにおける四種の神器」と勝手に呼んでいるのですが、ここではその構築の仕方についてご紹介したいと思います。

**▼アイテム①：発電機**

電気を起こす機械のこと。太陽で発電するなら太陽光パネル、水で発電するなら水力（小水力）発電機、風で発電するなら風力発電機と、さまざまな発電機がある。

**▼アイテム②：バッテリー（蓄電池）**

発電した電気をためておく装置のこと。蓄電することで、夜であっても雨の日であってもいつでも電気を使うことが可能となる。リチウムバッテリーや鉛バッテリーなど、いくつか種類がある。

**▼アイテム③：チャージコントローラー（充電コントローラー）**

過充電を防ぐ機械のこと。バッテリーが満タンになったら発電をストップさせる司令塔の役割を果たす。

**▼アイテム④：インバータ（変換器）**

直流電気から交流電気に変換する機械のこと。発電された直流電気を、一般家庭のコンセントで使える交流電気に変換する役目を担う。

これらを設置してつなぐだけで独立電源システムが完成します。太陽光パネルを屋根の上に設置して配線を物置まで引っ張ってくるのに1日半、バッテリーと充電コントローラーとインバータを物置に設置して、太陽光パネルと結ぶ配線とつなぐのに4時間ほどでした。なんてシンプルで簡単なのでしょう！

入居の際に火災保険に入ったときに、電力自給の家であることを伝えて交渉したところ、これらの機材も家の一部としてみなしてもらえました。

火災、落雷、破裂・爆発、風災、雹《ひょう》災、雪災、水漏れ、盗難などに対応していて、このような被害が起きて何かが壊れてしまっても何度でも保険が適用されます。後々に混乱が生じないように、契約書の特記事項欄に、「庭先にある太陽光発電システム／バッテリー等含む」と明記してもらいました。ちなみに、富士火災でお世話になっています。

また、バッテリーを扱うことになるので、最寄りの消防署に届け出たところ、「このくらいの小規模のバッテリーであれば特に必要ありません」と言われました。

では、この機材たちがどのように暮らしを支えてくれているか、数字を見ながら説明していきます。数学も化学も物理も赤点ばかりだったこのわたしが説明できるくらいなので、数字アレルギーの方も心配せずに読み進めてくださいね。

まず、パネル1枚につき1時間あたり240W発電します。

これを屋根に8枚設置しているので、240W／h×8枚分ということで、1・92kW／hになります。つまり1時間あたりに約2kW／h発電します。

全国平均の有効日照時間は3・3時間なので、理論上1日の発電量は、約2kW／h×3・3時間＝約6・6kWhということになります。

原発事故以降、節電を意識して1日3kWhですごせるようになっていたので、8枚で暮らしていける自信のもとこの枚数に決めました。

蓄電するためのバッテリーは、フォークリフトで使われていた中古品の鉛バッテリーを再生させたリサイクル品です。新品で購入するとなると100万円を超えるようですが、中古品なので55万円で手に入れました。

それを裏庭にある物置に24本設置しています。27kWh分ためられるので、1日3kWhですごすペースならば9日間発電しなかったとしても問題ない想定です。

ただ、鉛バッテリーの特徴として、蓄電量が50％を切ったまま使い続けると劣化が進むため、半分以上残した状態を保ちます。というわけで、実際に使える電力量は半分の13・5kWhとなります。

さらに、この独立電源システムを動かすためにも電力が使われるので、暮らしで使える電力量はさらに少なくなります。

機材をすべて合わせると100万円ほどでした。

ただ、電気のでの字も知らないほどの素人の挑戦だったので、設計や配線や組み立てから分電盤やケーブルなどその他の必要資材調達をすべて依頼したこともあって、結果的に220万円になってしまいました。

この金額に関して、「損ですか？　得ですか？」「ペイしますか？」などと聞かれることがありますが、結論から言うと元はとれません。

マンション時代の節電ライフでは、1カ月の電気料金が約3000円だったので、220万円の元をとるには単純計算で60年ほどかかります。今後、電気料金がものすごく高くならないかぎり回収はできません。

しかし、わたしたちはあの震災を経験して、お金は命を助けるものや育むものに使うツールにしようと考え方が変わりました。元を取り返すことや誰かより得をするつもりでこの生活をしているわけではありません。

これは未来への投資です。もし同じような大惨事が再び起きたとしても、この家は電気が使えるので明かりが灯ります。畑の野菜で食べものも得られます。電気も食料も確保できているので、ご近所の避難所になれます。

自分たちの命や大切な人たちの命を守れる安心感を購入したと考えています。命に値段はつけられません。

実際に2019年10月に日本列島を襲った台風19号の際、横浜エリアは停電しましたが、この家の明かりは灯り続けました。夫はSNSで「遠慮なく頼ってください」と呼びかけました。

この家がロールモデルとなって電力自給する家が少しずつ増えていって、1軒が2軒、10軒、100軒、1000軒、1万軒、10万軒となって、気づいたらこのような家づくりや暮らしが当たり前となる社会を目指したいのです。

損得勘定を超えて、お金ではなく命を優先していく。そんな優しい社会に生まれ変わった風景を、生きているうちにこの目で見ることを夢見ています。

一方で、この生活がスタートして5年以上経ったいま、時間の経過とともにいろいろな問題点が明らかになってきました。それは、不安定さと脆弱性です。

この独立電源は、エネルギー自給する暮らしを提唱している有志のグループに機材の調達や組み立てを依頼しました。つまり、電気を専門とする業者ではありません。導入後に何かあったとしても補償やサポートがないので自己責任となります。メンテナンスもしてもらえません。

電気・電設関連のプロが見ると、DIYレベルの配線であることやリスクを抱えた機材の使用に不安を覚えるそうです。

インバータはキャンプやアウトドアなどで使われるもので、バッテリーはフォークリフトで使われていた中古です。24時間365日家庭で使うものとして製造されていないものを、無理やり家庭で使っているような状態なので、いつ故障してもおかしくないそうです。また、この鉛バッテリーは蓋を開けてメンテナンスができる「開放型」と呼ばれるものを使用しているのですが、これは水素が発生して空気中に放出します。換気扇のない物置での管理は発火のリスクを高めて危険だそうです。

これまで2年おきにバッテリー再生剤を入れながら大切に使ってきたものの、6年目を迎えた最近は電圧が低く調子が落ちてきています。耐久性のある機材を使う大切さを身に染みて感じるようになりました。

同じタイプの独立電源を導入した別の家では、電力会社の商用電源ともつなぐことにしました。そうすると、バッテリーが少なくなったときにスイッチを切り替えれば、電線から電気を供給することができます。

しかし、このスイッチの切り替えの順番を一歩間違えれば、電線がショートしてそのエリアを停電させてしまうリスクを背負ってしまいました。

また、別の団体の組み立て現場を見学させてもらったら、インバータが強い電磁波を出すことを知らないのか、屋内に設置していて驚いたことがあります。

このように、専門的な知識を持っていない人や団体が、危険な事故や健康被害や不便な事態を引き起こすような構築をしているのも事実です。

一方で、消費者側の姿勢においても正すべきところがあります。たとえば、メンテナンスに関してです。

バッテリー液が不足した状態で使用を続けると爆発をする危険性があるので、1カ月に一度のペースでバッテリー精製水を補充する必要があります。それを知らずに、手入れすることなく使っている人を何人か見て、血の気が引きそうになりました。電気を自分たちの手で生みだす以上、知識を得て理解を深めて安全に使う責任があります。

個人的には、精製水を補充する手間を必要とせず、ガス発生が少なく危険性が低い「密閉型」と呼ばれるバッテリーを使うことを推奨します。また少量の電流を長時間供給できる「ディープサイクルバッテリー」と呼ばれるものを選ぶとよいでしょう。

万が一事故が起きてしまったら、広まるものも広まりません。よいものがよいものとして機能するには、安全であることが大前提です。

安定性と耐久性が確保された家庭用にふさわしい高品質な機材、電気を専門職としたプロによる構築、導入後のメンテナンスやサポート。そして、電気を扱うことに対する消費者側の心構えや知識を深めることへの姿勢。両者のあいだでこれらすべてが達成されて、あらゆる人が手に取れる価格で安全に使えるには、もう少し時間がかかりそうです。

オフグリッドはいままさにそのつぼみが開き始めたばかりの、未来のライフスタイル。人類の意識と技術の足並みをここから揃えていく必要があります。

技術者とは知恵を出し合って先進的なシステムを生みだし、消費者には哲学が確立したきちんとしたオフグリッドを啓蒙していきたいと思っています。

先を走る実践者・経験者として両者の橋渡しとなって、地球の〝佳き千年紀〟の幕を開き、新しい時代を拓いていく力になりたいです。

この本のタイトルである「ひらけ！オフグリッド」には、そのような願いが込められています。

時代が追い付くまでのあいだは、家をまるごとオフグリッドするとなると、まだハードルが高いので躊躇してしまうでしょう。マンションやアパートで暮らしている人たちも多いので、いまの暮らしではできないとあきらめがちにもなります。

そこでおすすめしたいのが、〝オフグリッドことはじめ〟としてまずは小さな電力自給キットを購入して暮らしに取り入れてみることです。

インターネットを開けば、アウトドアで使える折り畳み式の太陽光パネルや持ち運び可能なバッテリーなどの機器が販売されています。それを購入して組み立てれば、それこそ数十分でミニミニ発電所が完成します。

パソコンの使用や携帯電話やスマートフォンの充電ができれば、日ごろの暮らしでも使え、キャンプなどでも活躍し、ライフラインが断たれた災害時にも重宝します。

セミナーに参加された後に、さっそく導入してみる人は少なくありません。

実際にチャレンジしてみると、現実に家のコンセントを使わずしてパソコンが起動し、携帯電話やスマートフォンが充電されることに感動されます。

まずは自分にとって適切な大きさの機材を手に入れて、ささやかなエネルギー自給ライフを楽しむところからスタートしてみてはいかがでしょうか。自信や楽しさや感動や安心感が待っていますよ。

なにより、自然の力でつくりだしたエネルギーはなんだか愛おしいもの。

それで充電したスマートフォンや音楽プレーヤーを持って出かけると、その日一日がご機嫌ですごせます。電気と仲良く暮らすはじめの一歩目として、軽やかな気持ちで挑戦してみましょう。

Column 03

# オフグリッドことはじめ

電力完全自給に向けてまず取りかかることは、家の中でどのくらい電気を使っているかを把握することです。

その量が明らかになれば、どのくらいの太陽光パネルが必要になるか、どのくらいのバッテリーを用意すればいいのかがわかります。

自分たちの暮らしにおける1日の電力使用量を知ることは、オフグリッドの大切な一歩目。ここでは電気の使用量を知るための方法をご紹介したいと思います。

**①電力会社から届く請求書から計算する**

月に一度届く電気料金の請求書が来たら、「ご使用量」の数字をチェックしてみましょう。

その数字を単純に1カ月の日数で割ったものが、1日の平均電力使用量です。次の請求書が届いたら、ぜひ一度計算してみてくださいね。

**②使っている家電製品のおおまかな消費電力量を調べる**

電気で動くものを洗いざらい出して、その消費電力量を調べてみましょう。

たいていのものは、製品の説明書に書かれています。わからないものはインターネットで検索して、だいたいの数字の目星をつけます。

あれもこれもどれもそれも電気で動いているることにきっと驚くことでしょう。意外なものが電気食いであることもわかっておもしろいですよ。

**③「ワットチェッカー」を使って緻密な電力量を測定する**

ワットチェッカーとは、家電製品の消費電力量などを簡単に計ることができる計測器です。家電製品のプラグをワットチェッカーに挿し込んだ後、コンセントにつなげることで、簡単に計測することができます。

これのよいところは、使用時のどのときにどのくらいの電圧がかかって電流が流れているかがわかることです。

たとえば、掃除機のスイッチを入れた瞬間やドライヤーのスイッチを入れた瞬間は、立ち上がりに電力を必要とします。また、炊飯器は炊飯時と保温時では電力が変わります。

それぞれの製品の使用時に、どのときにどのくらい電気を必要とするかが明確になるので、緻密な数字を出すことができます。

自分たちの暮らしで使っているエネルギーの量を知ると、いままで目に見えていなかったものが数字として捉えられるようになるので、身近に感じられ楽しくなってきます。電気と仲良くなる一歩目として、ぜひ取り組んでみましょう!

## サトウさん家の消費電力見積り

| 家電 | 消費電力［w］ | 使用時間［hr/日］ | | | 消費電力量［wh/日］<br>年間平均で1日2922wh | | | 備考 |
|---|---|---|---|---|---|---|---|---|
| | | 春秋 | 夏 | 冬 | 春秋<br>1日2569wh | 夏<br>1日3213wh | 冬<br>1日3339wh | |
| 冷蔵庫 | 32 | 24 | 24 | 24 | 767 | 767 | 767 | 24時間使用 |
| 給湯器　凍結防止<br>ガス床暖房　凍結防止 | 285 | 0 | 0 | 1.5 | 0 | 0 | 428 | 夜中に15分×6回とする |
| 電力自給<br>システム自体 | 15 | 24 | 24 | 24 | 360 | 360 | 360 | インバーター |
| ガス床暖房 | 120 | 0 | 0 | 2.86 | 0 | 0 | 343 | 日が入らない日は<br>朝2時間、夜2時間（週5日程度とする） |
| 掃除機 | 1000 | 0.33 | 0.33 | 0.33 | 333 | 333 | 333 | 1日20分計算 |
| ドライヤー | 1000 | 0.25 | 0.25 | 0.25 | 250 | 250 | 250 | 1日15分計算 |
| 洗濯機 | 1000 | 0.83 | 0.83 | 0.83 | 175 | 175 | 175 | 1回70分、週5回 |
| ウォシュレット | 210 | 24 | 24 | 24 | 112 | 112 | 112 | 温水使用時600w、待機時3w<br>温水使用1分×4回、待機24時間で計算 |
| アイロン | 3 | 0.10 | 0.10 | 0.10 | 89 | 89 | 89 | 週2回×1回20分計算 |
| 給湯機 | 930 | 0.5 | 0.5 | 0.5 | 60 | 60 | 60 | 湯沸かし10分、シャワー10分×2<br>待機時は1wのため無視 |
| 照明（リビング3） | 120 | 6 | 6 | 6 | 55 | 55 | 55 | 朝1時間、夜5時間 |
| 照明（リビング4） | 9.1 | 6 | 6 | 6 | 55 | 55 | 55 | 朝1時間、夜5時間 |
| 照明（寝室） | 9.1 | 1 | 1 | 1 | 54 | 54 | 54 | 白熱球使用。寝る前の1時間ぐらい？ |
| トースター | 54 | 0.05 | 0.05 | 0.05 | 50 | 50 | 50 | ざっくり1日3分 |
| ノートパソコン | 1000 | 3 | 3 | 3 | 43 | 43 | 43 | "通常時12w、スリープ時1.1w<br>使用時間3時間、スリープ6時間で計算" |
| インターホン | 12 | 24 | 24 | 24 | 41 | 41 | 41 | 24時間待機中 |
| 照明（キッチン） | 1.7 | 3 | 3 | 3 | 33 | 33 | 33 | 朝1時間、夜2時間 |
| 炊飯器 | 11 | 0.14 | 0.14 | 0.14 | 29 | 29 | 29 | 週1回使用。炊飯なら1回202wh |
| 照明（お風呂） | 202 | 1 | 1 | 1 | 24 | 24 | 24 | 1日1時間 |
| 携帯電話（2台） | 20 | 2 | 2 | 2 | 20 | 20 | 20 | iPhone5は充電1回10wh |
| 照明（洗面台） | 7 | 1 | 1 | 1 | 7 | 7 | 7 | 1日1時間 |
| 照明（クローゼット） | 13 | 0.5 | 0.5 | 0.5 | 7 | 7 | 7 | 1日30分 |
| 草刈り機 | 54 | 0.03 | 0.03 | 0.03 | 2 | 2 | 2 | 月1回。充電1回54wh |
| 照明（玄関外） | 50 | 0.03 | 0.03 | 0.03 | 2 | 2 | 2 | LEDでははない。1日2分ぐらい？ |
| 照明（玄関） | 40 | 0.03 | 0.03 | 0.03 | 1 | 1 | 1 | LEDでははない。1日2分ぐらい？ |
| 照明（トイレ） | 7 | 0.17 | 0.17 | 0.17 | 1 | 1 | 1 | 1日10分 |
| ミキサー | 130 | 0.00 | 0.00 | 0.00 | 1 | 1 | 1 | 週2回×1回1分計算 |
| IJプリンター | 14 | 0.02 | 0.02 | 0.02 | 0 | 0 | 0 | ざっくり1週間で10分 |
| 遠赤外線電気ヒーター | 300 | 0 | 0 | 0 | 0 | 0 | 0 | 朝2時間、夜2時間（100～1200w設定可） |
| エアコン（冷房時） | 247 | 0 | 2 | 0 | 0 | 494 | 0 | 日中2時間程度 |
| 扇風機 | 30 | 0 | 5 | 0 | 0 | 150 | 0 | ざっくり1日5時間 |

Chap. 09

# 夏がきた！節電テクニックのご紹介

夏のあいだは、とにかく電気富豪の日々。元気いっぱいのおひさまが使い切れないほどの電気を生みだしてくれるので、どう使い切るかが勝負。

というわけで、エアコンを動かします。わたしはエアコンの冷風に当たると身体が冷えて体調を崩しやすいタイプなので、正直に言うとあまり使いたくありません。しかし、こうもあまってしまうとそうも言ってはいられません。

一般的に夏場は1年の中でも電力消費ピークを迎えるシーズン。特に気温が上がる昼間の時間帯はエアコンの稼働率が高まるため、電力会社がテレビコマーシャルを通して節電や省エネを呼びかけます。

しかしながら、この生活ではありあまるほどエネルギーが生みだされる時期なので、使わないとモッタイナイことになります。

真夏の暑い昼間は節電どころか、逆に電力消費の激しいものを使って、あまる電力を積極的に使います。いままでの常識を覆す、まさに電気富豪という言葉がふさわしい、金持ちならぬ電気持ちの気分を味わえる、夢のような暮らしです。

そんな太陽の恵みでつくられたエネルギーで冷やされた空間で、パソコンとプロジェクターをつなげてリビングの壁に映像を映しだして、好きな映画を観るのが夏の好きなすごし方です。

オフグリッドシネマと名づけたこの映画館では、フレッシュな電気のおかげで映しだす映像や流れる音楽はなんだか心地よく、屋外の暑さをすっかり忘れてしまう極上の時間が流れていきます。ちなみに、映画に欠かせないドリンクは、コーラではなくて甘酒です。

夏のあまった電気を活用するのに重宝するのが甘酒づくり。炊飯器の保温モードで5時間ほど温め続けるので、よい電力消費となるのです。

しかも、発酵食品である甘酒は、飲む点滴と呼ばれるほど身体によい滋養成分がたくさん含まれていて、ビタミンが豊富な総合スタミナドリンク。

この甘酒を江戸時代の人々は、夏バテ防止の栄養ドリンクとして飲んでいたそうです。それを物語るものとして、甘酒は俳句の季語にもなっているとか。

ここは世界一エコでヘルシーでピースフルな映画館といえるでしょう。

また、オーブントースターを使うのも良い方法なので、ドリアやグラタンをつくります。電気貧乏になりがちな冬のあいだはお預けとなるこのメニューが夏に登場します。汗をかきながらハフハフ食べていると、やっぱりグラタンは冬の寒い日に食べるのが最高だなと思います。

それでもまだまだ電気がありあまってしまうので、禁断の便座ヒーターをオンにして、さらに「強」にします。

外出して帰ってきてトイレに入り便座にお尻を乗せると、汗ばんだお尻にさらに便座の熱が加わってちょっと不快に……。これもできたら冬の寒い時期に、ホカホカに温まった便座にお尻を乗せる幸福感を味わいたいものです。この逆転生活にちょっとジレンマを感じるのが正直な気持ちです。

夏は電気富豪、冬は電気貧乏な暮らしを味わうこの家の暮らしとは違い、多くの人たちは電力会社と契約して電気を使っているので、節電が地球と財布への優しさに直結しています。

ということで、オフグリッド生活を始める前に体得した夏場の節電テクニックをお伝えします。家電製品の使い方と衣食住の生活スタイルという2つのアプローチを紹介してみましょう。

## ①エアコンの室外機の周りをキレイにする

室外機の上に植木鉢などが乗っていませんか？　あるいは、室外機の前に何かモノを置いていませんか？

室外機の風通しがよくないと冷房効率が下がってしまい、1カ月の電気代が1000円くらい変わるとも言われています。

もし室外機周辺にモノがあったら、それらを片付けましょう。そして、室外機の下のゴミや枯葉などもお掃除しましょう。意外とたまりやすいので、1週間に一度のペースでチェックしてお掃除をしてくださいね。フィルターの掃除も忘れずに。

## ②冷蔵庫の冷風口前に空間をつくる

エアコン室外機の原理と似ていますが、冷蔵庫内の冷風口の前にモノを置いたり、庫内に詰め込みすぎたりすると、冷房効率が下がってしまいます。庫内で冷風が流れるように、食材をうまく配置してみましょう。そうすると、設定温度を「強」から「中」にしてもよく冷えるようになって、さらに節電につながります。

### ③エアコンではなく、なるべく扇風機を活用する

エアコンは1時間あたり約600W消費しますが、扇風機はたったの50W。電力消費量に12倍もの差があります。

1日8時間のエアコン使用を扇風機に変えるだけで、1カ月で2500円ほどの節電になります。

扇風機だけでは涼しさが物足りない場合は、リボンや紐にペパーミントの精油を数滴染み込ませて、正面のカバーに結んでみてください。ひんやり爽やかな香りが風にのってカラダに届くと、気持ちもクールダウンして心地よいのでおすすめです。

### ④グリーンカーテンをつくる

ゴーヤなどでグリーンカーテンをつくると、外壁の温度上昇を防ぐので家の中が涼しくなります。インゲンやキュウリでもできます。ツルありインゲンはゴーヤよりも葉が大きく上にグングン伸びて育てやすいですよ。ゴーヤが苦手な方は、こちらを育ててみてください。毎日たくさん野菜が収穫できて、お家は涼しくなって嬉しいことといっぱいです！

## ⑤麻や綿のゆったりした服を着る

麻や綿といった天然素材の衣服を着ましょう。石油を原料とするアクリルやレーヨンなどの化学繊維でつくられた生地は、熱がこもりやすく体感温度を上げます。

また、汗をかくと肌にはりついて不快に感じたり、あせもになったりします。一方、自然素材のワンピースや幅の広いパンツなどゆったりしたデザインの服を選ぶと、身体に風が通って体感温度はマイナス２℃！　麻や綿のほかにも竹布も気持ちいいですよ。

## ⑥藍染めの服を着る

天然の素材に加えて、藍染めされたものがオススメです。ブルーの爽やかな色が暑さを和らげてくれます。

藍は昔から漢方薬としても使われていた植物で、解熱作用を持っているのが特徴です。そのため、身体の余分な熱を取り除くと言われています。防虫効果も期待されて蚊よけにもなることから、昔の人たちは夏場に藍染めの服をまとっていたそうです。

ちなみに、「服」とは薬の「服用」という意味から成り立っていて、薬理作用のある薬草茶を飲んでその成分を消化器官から吸収することを「内服」、薬理作用のある草木染めの衣服を着てその成分を皮膚から吸収することを「外服」と言ったそうです。肌に触れるものはとても大切なんですね。

## ⑦塩分を積極的にとりいれる

夏は体内の塩の入れ替え時期なので、積極的に天然塩などの良質な塩をとりいれましょう。精製塩は身体に負担がかかるので、あくまでミネラルが豊富な天然塩を使います。

自然療法の世界では「古塩《こえん》」という考え方があります。これは体内で悪さをする動物性タンパクなどとくっついたナトリウムのこと。毒素をためこんで身体の不調を招くものとされていて、この古塩をしっかり排出して新しい塩を体内に入れ直すのが夏の時期です。

このプロセスを経ないと、夏バテを起こしてエアコン依存体質になっていきます。夏はあえて塩をしっかりとって、汗もたくさんかいて、この古塩を出し切りましょう。

喉が渇いたら糖分たっぷりのスポーツドリンクやジュースではなく、お味噌汁や梅醤《うめしょう》番茶を飲むと水分も塩分も同時にとれていいですよ。また、塩漬けされている梅干しもよいですね。酸味は熱をとる効果もあるので一石二鳥です。

以上が家電製品のお手入れと衣食住のアプローチからできる夏場の節電テクニックです。

節電につながるのはもちろん、健康というお金では買えないかけがえのないものも手に入ります。毎年元気いっぱいに夏のシーズンをおすごしください。

Chap.
10

# ソーラークッキングという平和な調理法

電力完全自給生活を始めて半年くらいが経ったころのことです。

電線というグリッドをほどいた気持ちよさを知ったことから、次はガスとのグリッドもほどいてみたくてたまらなくなりました。

電線とオフしたら広がった自由で楽しい世界。ガスとオフしたら今度はどんな世界が待っているのだろうとついつい妄想してしまいます。

オフグリッドとは、知らず知らずのうちにつながって依存していたものから自立することを意味します。電気のオフグリッドもさまざまなオフグリッドの中のひとつにすぎません。

そんなことを考えていた矢先に出合ったのがソーラークッカー「エコ作」でした。

使い方は、二重のガラス真空管の筒の中に食材を入れて、それを銀色の集光板にセットして太陽のもとに置いておくだけ。太陽の光が熱に変換されて筒内が200℃近くまで上がり、1時間ほどでいろいろな料理ができるという画期的な調理器具です。

このエコ作とわたしを結んでくれたのは、〝ソーラー女子〟と呼ばれているフジイチカコさん。都内にあるマンションの一室のベランダに小さな太陽光パネルを取り付けて電力完全自給生活をされています。『ソーラー女子は電気代0円で生活してます!』(漫画・東園子、KADOKAWA)というコミックエッセイも世に出されています。新聞やテレビや雑誌でもよく紹介されていて、ずっと憧れていました。

ご自宅に遊びに行く機会をいただき、そのときにソーラークッキングしたサツマイモとリンゴをご馳走になったのがきっかけでした。

2つの筒をそれぞれ器に傾けると、甘い香りをまとった熱い湯気と一緒にサツマイモとリンゴが勢いよく滑り出てきました。

それだけでも興奮するのですが、驚いたのがその美味しさです。サツマイモは経験したことのない独特のホクホク感とシットリ感と甘さ。切ったサツマイモを入れて太陽に当てただけというのが信じられません。ガスオーブンでも焚火でもつくれない〝おひさま焼き芋〟としか表現できない新たな焼き芋です。

そして、リンゴはコンポートのようにトロトロに柔らかくて甘くなっています。砂糖や水は一切入れず、イチョウ切りにしたリンゴにほんの少し塩をふったものを入れて1時間太陽に当てただけとのこと。お鍋で煮たリンゴには出せない独特な食感と美味しさです。

フジイさん宅での体験のあと、わたしも「いますぐほしい！」と思って、帰りの電車の中でさっそく2台を注文。数日後に届くと、さっそくソーラークッキングに挑戦しました。

まずは冷蔵庫にあったあまり野菜での料理と、お茶用のお湯をつくることに。

適当な大きさに切ったジャガイモ、マイタケ、タマネギに塩をまぶして、水も入れずただ筒に押し込みます。もうひとつはお湯をつくるために、水を入れます。その筒にシリコンのフタを乗せて集光板の中心にはめ込んで、太陽の光が燦燦と降り注ぐ場所に置いてセット完了。

1時間ほどでできあがるので、そのあいだに愛犬と散歩に出かけることにしました。たっぷり散歩をして家に帰ってくると、野菜を煮込んだような食欲をくすぐる香りが風に乗って鼻先に届きました。

胸を高鳴らせて走って近づいて見たら、蓋の穴から勢いよく蒸気が出ています。これはもう完成している証拠です。

はやる気持ちをなんとか抑えながらエコ作たちを腕に抱えて家に入り、筒を取り外してお皿に向けて傾けると、熱々の野菜料理が勢いよく滑り出てきました。記念すべきおひさま料理デビューに、「わあ！　できた！　できちゃった！　本当にできちゃった〜！」と、一人で歓喜の声を上げてしまいました。

一口食べてみると、その美味しさに失神しそうになってその場で倒れ込んでしまったほど。マイタケの旨みがギュッと濃縮されていて、まるで何時間もかけてつくった出汁のよう。タマネギは最高点に達した甘味を出していて具材全体がまろやかに。ジャガイモはホクホク感とねっとり感を合わせた食感で、いままで経験したことのない感動的な歯触り。ガスの「火」ではなく太陽の「日」だからこそできる旨みと甘味と食感に感激しました。

驚きがもうひとつありました。エコ作で沸かしていたお湯です。甘くて優しくて柔らかくてまろやかなのです。いままで飲んでいたお茶やコーヒーが別物に感じます。まるで太陽の力で水の質そのものが変わってしまったかのようです。おひさまエネルギーたっぷりのお湯を一口飲んだ瞬間に、身体の全細胞にスイッチが入ったような初めての感覚が走りました。ガスで沸かしたお湯や電気ケトルで沸かしたお湯となんでこんなに違うのか不思議でたまりません。どうやら太陽のチカラを借りると、野菜も水もみんなみんな幸せになってしまうようです。

個人的にではありますが、ポットや電気ケトルなど電気で沸かしたお湯が一番不味く感じます。その次にガスで沸かしたものが続きます。一方、薪や枝など地上資源で沸かしたお湯は柔らかく美味しく、それを超えてダントツに甘くてまろやかで美味しいのが太陽で沸かしたお湯です。

電気を使った電子レンジやIH調理器で料理をすると、電磁波の影響や電気代が気になるところ。ガスを使ってお鍋で料理をすると、火事にならないようにつきっきりになるうえに、もちろんガス代もかかります。どちらも二酸化炭素を排出する問題もあります。でも、ソーラークッカーは違います。電磁波もない、ほったらかしOK、電気代・ガス代ゼロ、二酸化炭素もゼロ。ただおひさまのもと置いておくだけで、そのあいだ読書をしても、散歩をしても、家事をしても、何をしてもいいのです。しかも美味しいというオマケつき。災害時にも心強い味方となります。

ちなみに、このエコ作を導入すると、1カ月のガス代が2000円近くも下がって、低炭素ライフの実現に成功しました！

それまでは、朝起きてカーテンを開けて晴れているのを確認すると、「やった〜！今日は発電するぞ〜！」と喜んでいました。ソーラークッカーと出会ってからは、「やった

～！　今日はおひさまクッキングするぞ～！」と、テンションがアップするように。

こうしてハマりにハマったソーラークッキング生活。この食材はどんなふうに美味しくなるんだろうと、野菜、果物、魚、肉、とにかくいろいろなものを使っては試作してみました。

そうして楽しんでいるうちに、お料理からお菓子づくりまで幅が広がって、肉ジャガなどの和食の定番から、パンやクッキーやパイづくり、さらにはコーヒー焙煎までマスター！

自分の中に眠っていた創造性のスイッチをオンされたようで、アイディアやレシピがどんどん浮かんできてクリエイティブになっていきました。純真な子どものような無邪気さで夢中になって好きなことに没頭できる喜びを、大人になってから取り戻せたことはとても幸せなことです。

そのくらい完全に心を奪われてゾッコンとなったソーラークッキングの楽しさを、連載していたコラムや自身のブログなどで発信していたら、問い合わせや購入希望のご連絡をいただくようになりました。そこで「アマテラス～太陽で料理する楽しい美味しい暮らし～」という専門ホームページを開設して、使い方やソーラークッキング講習会の情報を公開したり、無料レシピをつけたエコ作を販売するようにしました。

広告など一切していないにもかかわらず、お話し会で出会った方々やそこからの口コミでどんどん広まって、全国におひさまの輪が広がり続けています。

また、「太陽の力のすごさに驚きました」とか、「楽しくて美味しくて気に入ってます」とか、「子どもが嫌いな野菜をソーラークッキングすると喜んで食べてくれるので助かります」など嬉しい感想をたくさんいただきます。


いまは、ソーラークッキング講習会の開催を希望されることが多くなり、スーツケースにエコ作を2台入れて全国を駆け回っています。

各地で開催するようになると、それぞれの土地に降り注ぐ太陽の光が違うことに気づきました。微妙にエネルギーが変わるのです。

緯度や経度が変わるので当たり前かもしれませんが、同じ太陽でもさまざまな顔があることが興味深いものです。

ちなみに、そのことを「ご当地太陽」と呼んで、この地方の太陽ではどんな料理になるかなと、毎回楽しみに各地を訪問しています。

こう考えると、太陽はどこの地域にもどこの国にもどこの大陸にも平等にあることにその素晴らしさをあらためて感じます。

化石燃料は特定の地域や国にしかないけれど、太陽の光は地球のどこにでも降り注いでいます。だから、奪い合う必要も取り合う必要もありません。逆に、このありあまるエネルギーで地球のどこでも楽しく美味しく料理ができます。なんて地球にも人間にも優しい平和な調理方法なのでしょう！

Column 04

# エコ作を使ったソーラークッキングの楽しみ方

## ■使い方

①折り畳み式の箱の状態から広げて、上下四方をスリットに挿し込む。

②筒に材料を詰めて集光板の中央にセット。

③太陽の向きに合わせて方向を決め、光穴で角度を位置を確認。

④定めた位置で1時間ほど太陽のもとに置いておけば完成。

## ■お湯を沸かしてみよう！

①沸かしたい分量のお水を筒に入れる。

②カップ1杯程度（２００～２５０ml）なら40分ほど、５００mlなら1時間ほど太陽のもとに置いておく。

☀電気ポット、ガス、薪、太陽で沸かしたお湯の飲みくらべをして、どんなふうに違いを感じるか試してみよう！

## ■ここがすごい！ソーラークッキングの魅力

①簡単で美味しい

基本的に塩と材料を混ぜるだけ。食材の水分で煮込まれてうま味や甘味が濃縮された、美味しいお料理を楽しめる！

②ガス代ゼロ

太陽熱でつくるので、ガスも電子レンジもＩＨも不要。調理にかかる光熱費がゼロ円に！

③時間が生まれる

火を使わないので、その場を離れられる。読書や仕事や家事など、クッキングのあいだに好きな事ができる！

④CO2排出ゼロ

ガスを使わないので二酸化炭素の排出がない。低炭素ライフを実現できる！

⑤楽しい♪

具材を詰めたら、あとはお日さまにお任せ。どんな味や柔らかさになるか、ワクワク感が止まらない！

⑥火傷しない

二重のガラス真空管なので筒の中は200℃まで上がっても、外側は熱くならない。子どもが触っても火傷の心配がないのが嬉しい！

⑦一年中使える

二重のガラス真空管なので外気の気温に左右されない。冬でも太陽の光さえあれば、いつでもどこでもクッキングできる！

⑧防災に役立つ

災害でライフラインが断たれても、お湯も沸かせるし料理もできる。1～2本は常備しておきたい！

太陽で
楽しく料理

# 簡単！美味しい‼ ソーラークッキング

具材を適当に
切って筒に
詰めるだけ

太陽の向きにセットして、
あとは待つだけ

**アマテラス～太陽で料理する楽しい美味しい暮らし～**

HPアドレス http://amaterasu.life アマテラス

こちらのサイトでは、おひさま料理レシピやソーラークッキングセミナーなどの
イベント情報を随時更新しています。

Solar Cooking Recipes

おひさま料理レシピ

# 焼き芋

**材料**：サツマイモ（小）３本

**つくり方**

1. サツマイモを適当な
大きさに切って、
ガラス筒に詰める

2. １時間ほど太陽にあてて完成

おひさまにしか
つくれないホクホク
甘い極上の焼き芋。
いちおしの一品！

# じゃがバター

**材料**：ジャガイモ（中）3個
バター　お好みの量
パセリ　少々

**つくり方**

1. ジャガイモの皮をむいて、適当な大きさに切ってガラス筒に詰める
2. 1時間ほど太陽にあてる
3. 器に出してバターを乗せてパセリをちらしたら完成

マッシュして
キュウリやタマネギを
加えて
マヨネーズであえたら
ポテトサラダにも

# 鶏肉と野菜のスープ

水を一滴も使わずとも
鶏肉と野菜の
水分とうま味で、
とろとろ濃厚な
煮込みスープに！

材料：鶏肉　60g
タマネギ（小）1個
パプリカ　1個
枝豆　鞘から出したもの10個
塩　小さじ1/2

つくり方

1. 適当な大きさに切った鶏肉、タマネギ、パプリカと枝豆をボウルに入れる
2. 材料を揉みこんでなじませたら筒に詰める
3. 1時間～1時間30分ほど太陽にあてて煮込んだら完成

# アクアパッツァ

材料：アジ　小さめのもの１尾
タマネギ　1/4
ミニトマト　10個
ニンニク　１かけ
塩　ひとつまみ
オリーブオイル　適量

つくり方

1. アジは内臓を取り、タマネギとニンニクはみじん切りに、ミニトマトは半分に切る
2. 切った野菜に塩を揉みこんでなじませて筒に詰めて、その上からアジを入れる
3. アジに熱が通るまで１時間～１時間30分ほど太陽にあてて煮込む
4. 器に移してオリーブオイルをかけて完成

お気軽に
イタリアンが
楽しめる一品。
太陽の力で魚の臭みも
消えて美味しい！

# リンゴのコンポート

砂糖を一粒も
使っていないのが
信じられないほどの甘さ。
果汁で煮込まれた
シロップは悶絶級の
美味しさ！

**材料**：リンゴ（小）1個
　　塩　少々

**つくり方**

1. リンゴを1/8カットにして、
   イチョウ切りにする
2. 塩となじませて筒に入れる
3. 1時間ほど太陽にあてる

# ドライカレー

おひさまの力で
タマネギの甘みが
増して
優しい味のカレーに

**材料**：

| | |
|---|---|
| ひよこ豆 | 1/4カップ |
| タマネギ | 1/4個 |
| ニンニク | 1かけ |
| シメジ | 半株 |
| 塩 | 小さじ1 |
| カレー粉 | 大さじ1 |

**つくり方**

1. 一晩水に浸したひよこ豆と塩を筒に入れて、ぎりぎりまで水を加えて2～3時間太陽にあてて茹でる
2. タマネギとニンニクをみじん切りにして、シメジは適当な大きさに分ける
3. 切った具材と茹でたひよこ豆を合わせて、塩ふたつまみとカレー粉をまぶして筒に詰める
4. 1時間ほど太陽にあてたら完成

# オートミールクッキー

サクサクとしっとりが両方楽しめるおひさまクッキー。しっかり晴れているときに短時間で焼くのがポイント！

材料：オートミール　1/4 カップ
小麦粉　1/4 カップ
砕いたアーモンド　大さじ 1
レーズン　大さじ 1
ココナッツオイル　50ml
メープルシロップ　大さじ 1
重曹　ひとつまみ

## つくり方

1. ガラス筒の中に何も入れず太陽に20 分ほどあてて予熱させる
2. そのあいだに、ボウルにココナッツオイルとシロップを入れて混ぜて、オートミール、アーモンド、レーズンを加えて混ぜる
3. さらに小麦粉と重曹を入れて混ぜる
4. 筒の幅に合わせて細長く切ったアルミホイルに、直径 3㎝くらいに丸めた生地を乗せて、予熱した筒を横向きにしてスライドさせるように入れる
5. 筒を横向きにしたまま太陽の下にセットして、20分ほど太陽にあてて焼いたら完成

# コーヒー焙煎

太陽で沸かした
お湯で淹れると
一段と美味しい
コーヒーに！

**材料**：生豆　100g

**つくり方**

1. 生豆を筒の中に入れて横向きにセットする
2. 5分おきに軽く振って、計20分間太陽にあてる
3. パチパチとはぜる音がしたら、2分間ほど筒を振り続ける
4. 焙煎された良い香りがしたら完成

Chap.
11

# 太陽熱温水器と出合って、火から日へと意識が変わる

電気やガスではなしえない、太陽の力だからこそ味わえるソーラークッキングの楽しさや美味しさ。空に太陽があるかぎり、日の出から夕方まで何サイクルもしていろいろな料理をつくったりお茶用にお湯を沸かしたりと大忙し。

おひさま料理やおひさま湯がこんなに美味しいならば、おひさま風呂はどれだけ気持ちいいのだろうと、楽しい妄想がムクムク大きくなっていきます。

以前から太陽の光を熱にかえてお湯をつくる太陽熱熱温水器が気になっていて、ずっとほしいと思っていたのですが、いよいよこの気持ちを止めるのが難しくなってきました。

太陽熱温水器は電気もガスも使わずにお湯がつくれて、それをお風呂やキッチンなど日常生活で使うことができる、エネルギー自給の暮らしにはもってこいのアイテム。ソーラークッカー「エコ作」をつくっている寺田鉄工所の「サントップ」という商品に目星をつけていました。

これは、2011年エコプロダクツ大賞エコプロダクツ部門経済産業大臣賞を受賞した誉れ高いものです。長い二重のガラス真空管が横に20本ほどずらりと並んでいて、その上には200リットルの水が入るタンクが乗っています。

そのガラス管内にあるヒートパイプと呼ばれる金属集熱体がタンク内の水と熱交換することで温水となるメカニズムです。しかも、動かすのに電気は必要なく、水道圧だけで自動的に流れていきます。

たとえば、お風呂で温水を80リットル使ったら、その分の水が水道管から勝手にタンクの中に補充されるので、つねに200リットルたまっている状態がキープされます。

ガス給湯器と接続もできるのでガスとの併用も可能です。電気を使わず、ランニングコストもかからず、本体価格も36万円と、なかなか魅力的なもの。

ということで、電力完全自給生活を始めて2年後の2016年秋に、念願かなってこの太陽熱温水器が家族の仲間入りを果たしました。

設置した場所は庭先で、リビングの掃き出し窓とキッチンの小さな窓の間に決定。通常は屋根に取り付けることが多いのですが、この先電気自動車を導入したときは太陽光パネルを増やすことになるのでスペースを残したかったのと、地面に置いたほうが手や目が行き届いてメンテナンスをしやすいということもあって、この場所を選ぶことにしました。

そして、〝サトウさん家バージョン〟として、特別に仕掛けを施すことにしました。貯水タンクの下にコックをつけて外からでもお湯が出せるようにしたのです。

その目的は防災。コックをつけておけば、万が一断水となった場合でも、タンクの中にたまっている約200リットルのお湯を、飲料水やトイレの排水や身体を洗うお湯として使うことができます。そうすれば、防災のためにミネラルウォーターを何十本も用意しておく必要もなく、給水車で水を入れた重いタンクを自宅まで持ち運ぶ重労働もありません。

東日本大震災を経験したからこそ知った、ふだんの暮らしそのものが防災であることの大切さ。

いまでは電力は100％自給して、庭では野菜を育て、太陽熱温水器で水とお湯の確保ができたので、またあのようなことが起きたとしても、停電することも、お風呂に入れず身体が洗えないことも、お水や食糧を買い占められて右往左往することもありません。

災害時にかぎらず、燃料の高騰や不足に伴って料金が高くなったとしても、まったく影響がありません。

つまり、グリッドから抜けることは、自立できる範囲が広がるということなので、外側の世界に振り回されないのも特徴のひとつとなります。

ちなみに、この導入費は特注架台やコックなどを含んで43万円でした。もともとガス使用量が少ない生活だったので、電力自給のための機材と同様に元はとれません。でも、そんな損得勘定よりもエネルギー自給の楽しさが増した満足感や災害時の安心感のほうが勝っています。まさにプライスレスです！

無事に取り付け工事が終わって、おひさまのチカラだけで沸かしたお湯のお風呂に初めて入った日のことは忘れられません。

給湯スイッチをオンしていないのに、蛇口をひねると温かいお湯が出てくるという奇跡。「あったかい！　ちゃんとお湯が出てくる！」と、思わず叫んでしまいました。

温度計で測ってみると40・4℃。なんという絶妙な温度なのでしょう。

お湯がたっぷり入ったバスタブにザブンと身体を沈めてみると、その柔らかさからおひさまの愛が全身に伝わってきます。太陽が持っている赤外線が含まれるので、心も身体も芯から温まるのです。その温かさを感じたまま眠りにつくと、翌朝までその心地よさが持続していることに驚きました。

ガス代を払わずとも、天の光でお湯がつくれてこんなに幸せな気持ちでお風呂タイムを楽しめるのならば、断然こちらのほうがいい！と心底思いました。

こうして、晴れた日は電気富豪に加えてお湯富豪という豊かさが増して、オフグリッドライフの満喫度もアップしたのでした。

また、初めておひさま風呂に入った翌日にはこんなこともありました。

その残り湯で洗濯して、乾いた洗濯物を家に取り込んで、シャツをアイロンがけしながらあることに気づいたのです。

それは、最初から最後まで太陽のエネルギーだけで完結できたということ。

太陽熱で沸かしたお風呂に入って、そのお湯を洗濯に使って、太陽で生みだした電気で洗濯機を動かして、太陽に照らされて洗濯物が乾いて、太陽でつくった電気でアイロンがけをする……。

化石燃料に頼らずとも大きなシステムに依存せずとも、太陽の恵みだけで環境に優しくみんなと同じように生活できているこの現実。新しい時代の幕開けをしみじみと感じて、アイロンをかけながら思わず感涙してしまいました。

さて、この太陽熱温水器のサントップを最大限エコに活用するには、少し工夫が必要です。というのも、ガス給湯設備と連携しているために、熱いお湯がタンクから流れてくると、給湯設備がエラーを起こしてしまうのです。

そのため、自動的に水道水とミキシングして38℃くらいのぬるま湯にしてから給湯設備を通過させて、ガスで40℃くらいまでまた温め直して家の中でお湯を使うという二度手間が発生します。

夏場は45℃を超えるお湯が出てくることもしばしば。せっかくおひさまが熱いお湯をつくってくれたのに、水で薄めて冷ましてさらにガスで沸かし直すなんて、こんなエネルギーの無駄遣いはありません。

そこで得たテクニックが、給湯システムの電源を入れずにオフ状態で使うこと。

エラーシステムが反応しないように給湯パネルのスイッチをオフ状態にしておいて、熱いお湯でも給湯設備を通って家の中に入ってくるようにしてしまいます。

熱い場合は蛇口にあるノズルで調整して、水とお湯がちょうどよい温度に混ざるようにすれば、40℃くらいのお湯がキッチンやお風呂で使えます。

一方で、冬の天気が悪い日は逆の現象が起きて、30℃くらいのぬるま湯にしかならないことが判明しました。

予想に反して温度が上がらなかったことは、知恵をひとつ生みだしました。

付属している太陽光を集める銀色の集光板の面積が小さいことに原因があるのではない

かとピンときたのです。

そこで調べてみたところ、集光板に銀色のレジャーシートやエマージェンシーシートなどを貼ると、お湯の温度が10℃くらい上がるという情報にたどり着きました。

これはやってみる価値がありそうだと思い、100円ショップに駆け込んで購入し、すぐに取りかかりました。

すると、なんと本当に温度が上がったのです！

10℃とまではいきませんが、5℃くらいアップしました。ということで、冬はバスタブに35℃ほどのお湯をためた後に40℃のお湯になるように追い炊きしています。

初めてそれをしてみたときに、ほんの数分ですぐにお風呂が沸いてビックリしました。いつもわたしたちが入っているお風呂は、冷たい水から温めているからあんなに時間がかかるのです。

そんなおひさま湯沸かし生活になると、ガスの使用量が減ってガス代がグンとダウン。1年の中で一番ガス料金が高いのが冬で、毎年7000円から1万円ほどかかっていたのに、太陽熱温水器が来たら3000円になりました。プロパンガスを使用しているため、基本料金や使用料が高いので、もし都市ガスだったらもっと少ない金額です。

家庭で使われるガスの使用は、7割が給湯で、3割が調理です。

この7割を太陽熱温水器でまかなって、残り3割をソーラークッカーでまかなえば、理論上はガスに頼らずとも太陽熱で暮らしていけることになります。

ちなみに、家の中のエネルギーは、電気(照明や掃除機など)が3割で、熱(調理、給湯、暖房など)が7割だと一般的に言われています。

つまり、本来わたしたちが本当に必要な電気は、いま使っている全体のうちのたった3割なのです。

それにもかかわらず、電気で調理をしたりお湯や風呂を沸かしたり暖をとったりして熱をつくるために、余計な電気を必要としているわけです。

電気は電気で、熱は熱で。このすみ分けができてくると、家庭や社会が必要とする電気はもっと減ります。

また、太陽熱は太陽光に比べてエネルギー変換率が約3倍も高いのも素晴らしい点です。太陽光発電のエネルギー変換率が10~15%に対して、太陽熱温水器はなんと50~60%もあります。少ない設置面積で大きな効果を得ることができるのが太陽熱利用の最大の強みなのです。

実際に、サントップやエコ作を製造されている寺田鉄工所の代表取締役の寺田雅一さんとお会いしてうかがった話では、この高いエネルギー変換率を利用すると家の中の暖房・冷蔵・除湿などが可能とのこと。実際に導入されている施設もあるそうです。

それは風の出ない、電気のいらない夢のような冷暖房設備で、まさに時代の先を走っています。

太陽熱の持っている可能性は計り知れません。今後さらに注目を集めて広まっていくものと予想しています。

太陽光で電気を生みだして家電製品を動かして家事を満喫。

ガスを使わずソーラークッカーで料理をして美味しい食事を堪能。

ガスを使わず太陽熱温水器でお湯を沸かして気持ちいいお風呂を享受。

電力会社やガス会社ではなく太陽と契約をして暮らすようになってからは、自然と一緒に何かを生みだして生きていく喜びでいっぱいになりました。大きなシステムから自立できた自信や誇りも生まれました。どんどんあふれてくるアイディアとそれを創造できる充実感に満ちています。

化石燃料に頼らずともみんなと変わらない暮らしを、横浜市の住宅街という都会のど真ん中で実現できてしまったこの事実。それは、何かを燃やさずにエネルギーを生みだす太陽という存在の偉大さに気づかせてくれました。と同時に、「燃焼」は時代遅れで原始的で古いものと映るようになりました。

太陽光発電も太陽熱利用も、ただ光を集めただけでエネルギーを生みだします。つまり、地下資源にも地上資源にも手をつけず何も燃やしません。燃やさないので空気も汚れなければ、燃えかすなどのゴミも出ません。

現代の社会では、動力を燃焼ベースで考えていて、あたかもそれしか方法や道がないと言わんばかりです。燃焼ですべてをまかなおうと躍起になっているように見えます。

日本の発電の約7割は火力ですが、この発電原理は天然ガスや石炭を燃やしてお湯を沸かして蒸気を発生させて、その蒸気でタービンを回して発電するもの。これは蒸気機関車とまったく同じ原理です。いまの社会で蒸気機関車は走っておらず、なかなかの時代錯誤と言えるでしょう。


燃焼に対して疑問を持つようになると、火という存在そのものについても違和感が生まれるようになりました。本来、「ひ」は「火」ではなく「日」だったのではないかと考えるようになったのです。

ゴスペルを習っていたわたしは、歌詞の背景となる聖書を牧師さんから学んでいました。

地球と人類の始まりが書かれている「創世記」第1章では、アダムとエヴァが食べることや生きることに何の不安もなく、自然からあらゆる恵みと永遠の命を与えられる楽園で暮らしていたころのことが書かれています。

それを読むかぎり、その楽園では太陽という「日」はあっても「火」はありません。何度注意深く読んでみても、「火」の存在が見つからないのです。

しかし、エヴァが知識の実を食べるという罪をおかし、人類に「死」という寿命がもたらされるようになると「火」を使ったものの存在が現れることに気づきました。

また、日本に生まれた者として古事記くらいは知っておこうと学び始めると、似たようなことが日本の神話にも書かれていることに気づきました。

国生み・神生みをして日本を繁栄へと導いたイザナギとイザナミの二神は、火の神であるカグツチを生んだことでイザナミはその火で火傷をして死んでしまいます。そして、黄泉の国という「死」の世界の住人となりました。

西洋の神にまつわる聖書でも、日本の神にまつわる古事記でも、なぜかリンクする「火」と「死」の関係。「日」は自然と人間を結び調和させるものですが、「火」は逆の働きをもたらすことをほのめかしているのではないかと推測するようになりました。

戦火、火災、火事、火傷など、火が使われている言葉はどことなく「禍」を彷彿とさせますが、日に関しては悪い言葉はあまり見かけません。

たとえ日照りが続いて干ばつが起きたとしても、「日災」とはならないことも不思議です。「お日様」と呼ぶことはあっても、「お水様」や「お空気様」とは呼びません。

その理由は、太陽という日が地球という水の惑星に命を吹き込み、そのおかげでわたしたちが生かされていることを、遠い祖先から理解してきた証ではないでしょうか。

火編が二つもついている「燃焼」という言葉。固体と火を合わせて気化させてエネルギーを得るこの原始的な方法。これに囚われている認識から人類が抜け出したとき、いまのわたしたちにはまったく想像もできないようなエネルギー社会が現れるのかもしれません。

# Chap. 12 冬がつらいよ、電力自給生活

11月の立冬をすぎるとどんどんパワーダウンしていく太陽。さらに12月の冬至に向かってどんどん低くなり、日照時間も短くなり、発電量が落ちていきます。

東の山と西の高台に挟まれた小さな谷間のようなところに建っているこの家。冬の時期は日の出から数時間経った午前10時すぎからやっとパネルに太陽光が当たり始めて、15時半には発電が終了してしまいます。

つまり、たった5時間のあいだしか電気をつくれない厳しい生活となります。お天道さまのありがたみをいっそう噛みしめる毎日です。

真夏は電気富豪の日々で、使いきれないほどの電力が与えられて、まるで無限のエネルギーの中で生活しているような錯覚に陥りがち。

毎日空からお金が降ってくるようなバブリーさに酔いしれ、人間とは愚かなものでそのありがたさをすっかり忘れてしまうもの。

夏が終わって秋がすぎて冬を迎えると、エネルギーが無限ではなく有限であることを思い出します。

横浜市の住宅街と言えども里山の谷戸にあるこの地域は、朝起きると菜園の野菜は冷えてカチコチに固まって、外の水道は凍って出てこないほどの極寒地。車内の温度計が氷点下を下回っていることもしばしば。まさかこんな寒いエリアだとは思ってもみませんでした。

家の断熱性を考えず建てたこともあり、家の中で息を吐くと白くなるほど寒い！　家を暖めたいけれど、それに十分な電力をまかなえず困ったことになりました。

予想外の寒さは、眠っていた電気食いのモンスターを突然目覚めさせることとなって、それとの格闘にさらに泣かされることになりました。

それは、外に設置されているガス給湯器の凍結防止ヒーター。

気温がかなり下がった日に、突如ブオーンとうなる機械音が急に鳴り出したと思ったら、みるみるバッテリーの数値が変動していきます。

ずっと姿を隠していたものが、冬を迎えて急に動き出したのです。

凍結防止ヒーターは、気温が約５℃になると勝手に作動して、凍結しないように配管を温め続けます。1時間に200Wも使ううえに、特に気温が下がる夜間や曇天や雪の日に動くのが厄介なところ。発電しないときにかぎってバッテリーにためた貴重な電力を使っていくから困ります。

日没後から翌朝気温が上がるまで12時間作動したら、2・4kWhの消費になるので、家全体の1日の消費電力量3kWhに匹敵してしまうくらいの大量消費です。

まさかこんなものが家の一部として存在していたなんて……と、予想していなかった方向からカウンターパンチをくらった気分でした。

冬はおひさまパワーが少なくなって発電量が減るうえに、暖め・温め系のものを動かすために多くの電気を必要とする季節。夏の電気富豪と逆転が起きるので、電力に余裕のない暮らしとなります。

そんなギリギリの生活に追い打ちをかけるかのようなこの打撃。頼んでもないのに勝手に温め続けて、しかもガスのことなのに電気を使われるという、なんだか意味のわからないこのシステム。

でも、ブーブー言っていてもしょうがありません。その対策として配管を断熱材で守ることにしました。

ホームセンターに行き、1メートル200円ほどで購入してグルグル巻いて対処療法的に対応。すると、たしかに作動時間は減ったのですが、それでも深夜や明け方にあの轟音が鳴り響き、こちらの意志や希望を無視してバッテリーの貴重な電気を勝手に貪《むさぼ》っていきます。

意外に寒い土地であったことや、意外な電気食いの存在が隠れていたことで、冬のオフグリッド生活は予想以上に苦しむことになりました。

晴れていれば発電も蓄電も問題ないのですが、曇りや雨の日となると厳しいものがあります。

夏のあいだ、あれだけ使いたい放題だったエアコンは一転してご法度に。朝と晩に2時間ほどつけることはあっても、一日中使うことはできません。

でも、せっかく電気を自給しているのだから、できたら電気で暖をとりたいところ。そこで取り入れたのが、電気ストーブでした。100W／hから使える優れもので、小さな電力で暖をとれることは電力自給者にとってはありがたいことです。

2度目の冬がやってくると、去年とよろしく元気よく凍結防止ヒーターが作動し始めました。

当時連載していた週刊誌のコラムでこの切実な問題への嘆きを綴ると、問題を解決できるスーパーアイテムについて数名の読者からご連絡をいただきました。

そのアイテムとは、凍結防止ヒーター用節電機「セーブ90」という商品。

省エネルギー機器を扱うテムコ株式会社が販売しているもので、凍結防止ヒーターの電気代が90％もカットできる優れものです。

使い方はいたって簡単で、給湯器に付属しているヒーター電源につなげて、家の外壁などに設置されているコンセントにプラグを挿し込むだけ。1分もあればできます。気温に反応して通電したり遮断したりして、ヒーターのオン・オフを自動でコントロールしてくれます。

商品説明によると、ワンシーズンの凍結防止ヒーターにかかる電気代は4万5450円で、この機器を取り付けるとなんと3183円にまで下がるとのこと。つまり、4万2267円もお得になる計算です（11月〜4月のあいだ、40Wヒーターを10本使用した場合の概算金額）。

ひとつ3000円程度のものなので、取り付けたほうが絶対にお得です。

まずは風呂キッチン用とガス床暖房用の給湯器に接続してみようと2つ購入してつなげてみました。

こんなシンプルな機器で電力消費が抑えられるなら願ったり叶ったりです。

設置した日の晩のこと。夕飯を食べ終わって、さてお風呂でも入ろうかと給湯器のスイッチを押したところ、なぜかつきません。

もう1回押してみるものの、やっぱりつきません。これは絶対に「セーブ90」の接続と関係があるはずです。

その晩はいったんあきらめて外すことにして、問い合わせフォームからこの状況を相談してみることに。心躍る気持ちでいただけに、ちょっとしょんぼりです。

翌日、回答とともに残念なお知らせが届きました。通常、給湯器は2本以上の電源が備わっているようなのですが、わが家の給湯器はよりによって電源が1本しかついていない珍しいタイプで、それゆえに使えなかったことが判明しました。プラグと給湯器のあいだにセーブ90をつなげたものの、気温が低いときにのみ通電するため、通常は遮断状態となり、スイッチが入らなかったのです。

あとから知ったのですが、寒い地方ではガス給湯器に複数の電源がついていて、凍結防止ヒーター節電機をつなげられるようになっているそうです。また、室外ではなく室内に設置するそうです。このことを事前に知っていたら家の中に設置していたのに……と悔やまれます。

これからオフグリッドハウスを建てる方は、複数の電源を持つガス給湯器を選ぶか、あるいは家の中に設けることを強くお勧めします。そしてなにより、断熱性の高い、暖かい家を建てることです。そうすれば暖房に使うエネルギーが少なくて済むからです。


さらに3度目の冬を迎えると、またもや困難な状況に陥りました。

バッテリーの減りが異常に早いのです。使った電力量と減る蓄電量のバランスが明らかに合いません。

日中のあいだにしっかり充電されるのに、日没後からどんどん減って、翌朝にはビックリするほど少なくなっています。

蓄電量が想定よりもずっと少ないとなると、これは電力完全自給している者にとっては死活問題。

そこで、独立発電に興味がある人たちが集うSNSコミュニティに、この問題を相談してみることに。

すると、まったく知らなかったバッテリーの真実を知ることになりました。

それは、温度が低いと電池は電圧降下するということ。鉛蓄電池は寒さで化学反応が鈍化してしまうそうです。電気自動車でも、夏場と冬場の走行距離を比べると2割ほども違いが出るとか。

よくバッテリー容量として表示される「〇〇kWh」とは、25℃条件の値だったことを初めて知ったのです。

まさか気温がそんなに影響を及ぼしているとはまったく知りませんでした。

つまり、寒さで充電効率が落ちて蓄電量が少なくなっていたのです。バッテリーが寒さに弱いことを知らずに、なんの理解もなく使っていたことを反省しました。寒い中、がんばってくれていたことを知って、ますます愛おしさを感じます。

こうして毎年なにかしら試練がやってくる冬の季節。

おひさまパワーが落ちて発電量も減って、日照時間が減って発電時間も短くなって、気温が下がってバッテリーの電圧も降下して、トリプルパンチをくらいます。そこに、温め・暖め系で電気を使わざるをえないという、ボディブローをくらい続ける日々。

少ない電力なので、暖房をつけたまま寝ることは絶対にできず、電気アンカなども使えません。

でも、この家の冬の夜はとにかく寒い！　冷えて寝られないなんてストレス以外の何ものでもありません。

そこで、非電化でできることを模索するようになって、ついに電気に頼らず温かく幸せに寝られるアイディアを編みだすこととなりました。

それは、「こんにゃく湯たんぽ」と名づけた、画期的なぽかぽかアイテムです！

自然療法の手当で、「こんにゃく湿布」というものがあります。

熱湯で10分ほど茹でたこんにゃくをタオルに包んで、仰向けになって丹田（おへそのあたり）と肝臓の上に30分置いて温めて、今度はうつ伏せになって腎臓の上に30分置いて温める民間療法です。風邪のひき始めや、疲労や、ホルモンバランスの乱れなどいろいろな不調を助けてくれます。

この「こんにゃく湿布」からヒントを得て考案したのが、「こんにゃく湯たんぽ」。袋のまま茹でて、熱々になったそれらをタオルなどで包んで湯たんぽ同様に布団の中で使うだけです。

お腹の上に置いたり、足元に置いたりして寝るのですが、こんにゃくの保温効果は絶大で、明け方までじんわり温かさが残っていることも。それゆえ、大量の寝汗が出ることも多いので、念のため枕元に着替えを準備しておくくらいです。

このこんにゃく湯たんぽは温かくて気持ちよくて、睡眠の質が上がります。

ということで、冬の電力自給生活はエアコンや電気ストーブなどの現代文明の恩恵を享受しつつ、こんにゃくという自然のもので手当する昔の人の知恵を混ぜ合わせた、そんな新旧融合のすごし方へとたどり着きました。

# Chap. 13 春が来るたびに「自立」の意味が深まっていく

立春をすぎるとおひさまのパワーが急に復活し始めます。

2月なのでまだまだ寒いのですが、太陽は確実に明るさを増して、春仕様に衣替えをしたかのようにエネルギーチェンジをします。

3月の春分をすぎると本格的な春の到来です。ウグイスが「ホーホケキョ」と鳴き出し、庭では菜の花が咲き、早朝から発電表示モニターのチャージングボタンが光るという3つの条件がそろえば、春が完全にやってきたことを告げるお知らせ。

冬のあいだは11時近くにならないと発電を知らせてくれるチャージングボタンが点灯しませんが、春が訪れると午前8時すぎに点灯するようになります。

その時間はまだ屋根の上の太陽光パネルに陽が当たっていないのですが、おひさまパワーが強くなったために発電する現象が起きます。

これは今年もつらい冬を無事に乗り越えたという証拠。

ああ、待ちに待った春！　嬉しくてルンルン気分になって、ついつい鼻歌を歌ってしまいます。

春を待ち焦がれていた木々の新芽や草花のつぼみがグングン大きくなり始めて、虫たちや鳥たちが元気に動き出すこの季節。太陽もキラキラと輝く清らかな光で使い切れないほどの電気をつくってくれて、電気富豪の日々がまた戻ってきます。

この季節になれば、雨が降ろうが曇ろうがノープロブレム。

冬場は雨や曇りの日になると発電量はわずかですが、春を迎えた太陽は雨や曇りでもしっかり発電してくれます。

なにより電力消費量の多い暖房器具を使わなくて済むので、使える電力量が格段に増えるのです。

冬のあいだと春を迎えたあとでは、こんなにも暮らし方や気持ちが変わるものかと驚きます。

12月の冬至から2月の立春までの厳しい冬のあいだ、朝起きてまずやることはその日のお天気チェックです。

晴れなら問題ナシ、曇りならやや注意、雨が降るなら要注意。

午後から天気が崩れるようなら、午前中にできるだけ家電を動かして掃除や洗濯やアイロンがけ等々を済ませてしまいます。

雨や曇りの日は冷え込むため、どうしてもエアコンや電気ストーブを使って暖をとることになるので、その分の電力を考えながら使います。

冬場の天気の悪い日は、いま発電しているかどうかを室内にあるモニターで確認します。バッテリーにたまっている電力量をもとにして頭の中で計算をしながら、いかに要領よく家事をこなすかが勝負！

どの家電を使うとどのくらい電力消費するかはすでに頭にインプットされています。さらに空模様を見てどのくらい発電するかも感覚でわかるようになったので、理性と野生を融合してやりくりします。

しかしながら、春を迎えるとこのようなやりくりは必要がなくなります。

好きなときに洗濯をして、好きなときに掃除をして、好きなときにアイロンがけができて、心にも生活にも余裕が生まれます。

春の陽射しが降り注ぐ、長閑《のどか》で暖かい休日のこと。

蝶々がヒラヒラと楽しそうに行き交う庭を見ながら、「春っていいねえ。電力を気にしない生活って平穏だねえ」と、素直な気持ちが言葉となって出てきました。それを耳にした夫は、「そうだねえ」と笑いながら答えていました。

なんだか年老いたお爺さんとお婆さんのような会話ですが、季節の移ろいによって電気へのありがたさを噛みしめられること自体が幸せなことだと思います。厳しい冬があるからこそ穏やかな春の心地よさがわかるもの。

お金を払ってスイッチをつけたら煌々と電気がついていたころの生活は、毎日が同じパターンの繰り返しでした。そこにはたいへんさがない代わりに感動やトキメキもありません。心が動くということがなかったのです。

あれこれ考えながら電力自給と向き合うちょっとたいへんな冬は、感覚が鋭敏になって知恵や工夫が生まれる楽しさがあります。

一方で、電力に余裕がある春や夏の季節は、その季節だからこそ味わえる余裕や楽しさがあります。

電力自給生活は、1年を通して頭も心も身体もフルに使って、生きていることをリアルに感じる豊かな生活です。

もちろん太陽光パネルの枚数を増やせば、冬場に使える電気が増えるので余裕が生まれます。

でも、冬場の数カ月間はたしかにギリギリでも、それ以外の期間は年間通して余裕をもって生活できています。

当初12枚のパネルを提案されたのを断って、8枚に減らしてスタートしましたが、この枚数にしてよかったと思っています。

こう考えると、ちょっと足りないくらいのほうが、人は幸せに生きられるのかもしれません。

不便さや不自由さを与えられるこの季節の生活のほうに美徳を感じるところからも、わたしはやっぱり〝足るを知る〟生き方が好きなようです。

厳しい冬があるからこそ味わえる春のこの喜び。こういうアップダウンがあると、暮らしや日々の気持ちに変化が起きてメリハリが出ます。そして、止まない雨はないように、明けない夜はないように、終わらない冬はないということがあらためてわかります。

すると、自然に対する絶対的な信頼感が育まれて、自分自身や自分の人生に対しても絶対的な安心感が生まれるようになりました。

「なんとかなる！」「このままずっとつらい状況が続くことはない！」「必ず春はやってくる！」ということを自然界から教わったのです。

この暮らしになってから精神が鍛えられ、いつでも希望をもって生きられるようになりました。特に冬を乗り越えるたびにひと回りずつ成長していることを自覚しています。

四季を通じて気温がアップダウンするように、発電量もアップダウンします。季節というタームだけではなく、1週間を通じても天気によってその量は変わり、もっと細かく言えば1日の中でも発電量は激しく変わります。

晴れれば発電して、太陽に雲がかかれば一気に急降下して、陽が落ちればゼロになって、でも夜が明けて太陽が昇ればまた上がります。1年間の発電量や蓄電量をグラフにしてみるとジグザグになるのですが、まさにそれを表しています。

このような揺らぎの中で生きていると、人間は不思議なもので中心点を必死に探り始めます。

どこまで電気を使っても大丈夫だろうかとか、バッテリーにこのくらいあるからあとこのくらい使えるだろうとか、この雨が上がって晴れればこのくらい充電されるから問題ないとか、感覚を研ぎ澄ませて判断していきます。

そして、こういうときこそ生きているリアルな実感を得ます。

実際、ジグザグなグラフは心臓が脈を打って生きていることを示す心電図に似ているの

## サトウさん家　月毎の１日平均発電量〔kWh〕

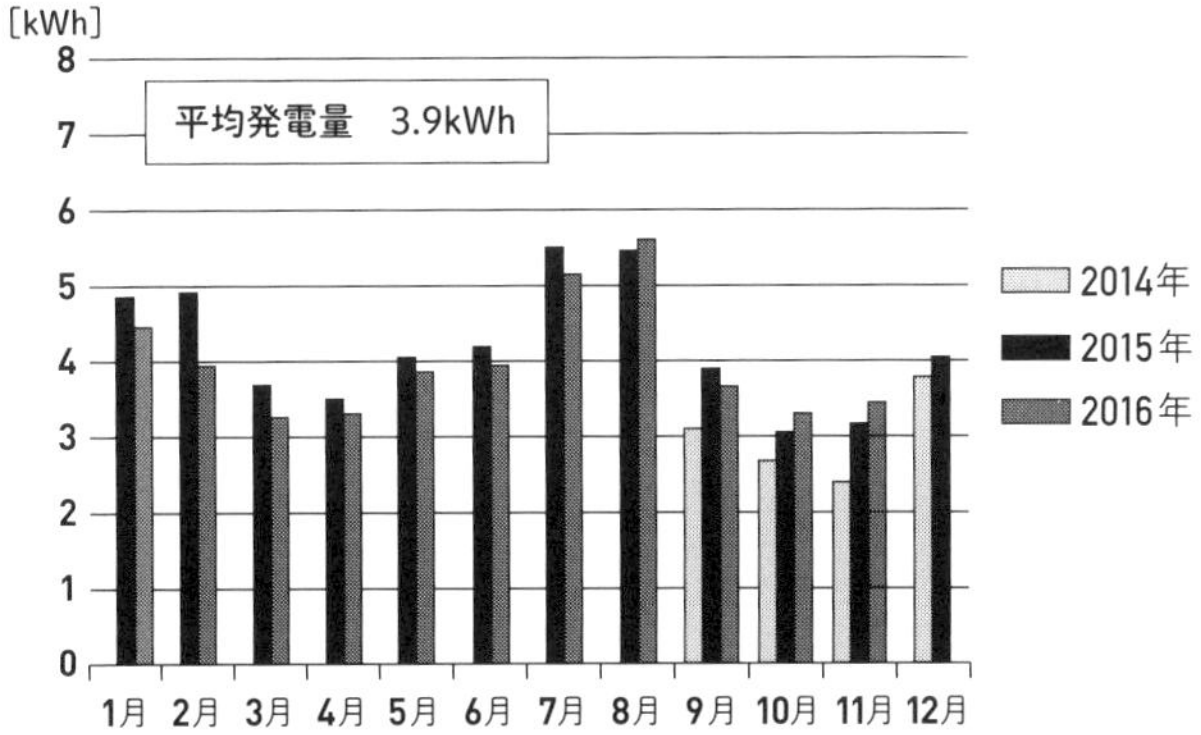

## サトウさん家　月毎の1日平均蓄電量〔kWh〕

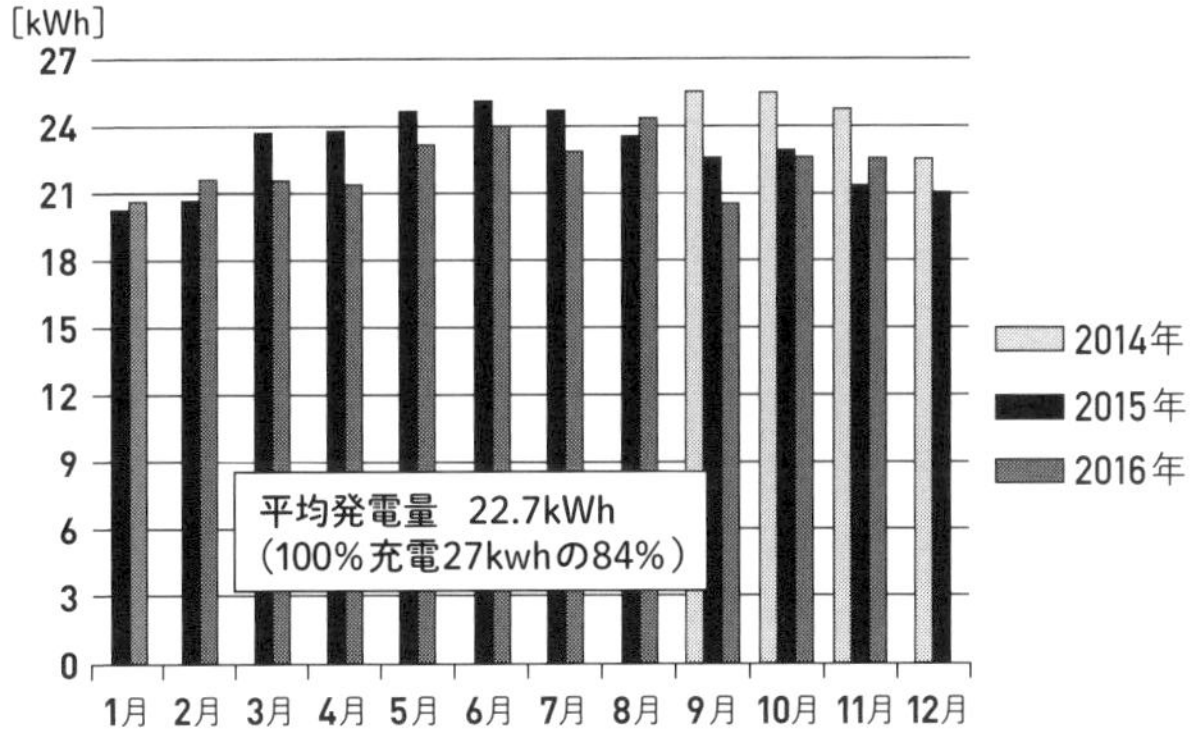


※1鉛バッテリーは50%以上で使用推奨

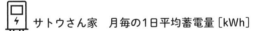

です。

電力会社と契約していたころは電気が一定供給されるので、資源は有限なのにまるで無限にあるかのような錯覚の中でボーッと生きていました。電力供給が一定なあのころの生活を表現すると、心電図が止まってピーッとなっている直線的な状態です。まさに「ご臨終です」という言葉がピッタリきます。

アップダウンがあって揺らぐからこそ中心を探り、中心がつかめるからこそバランスがとれ、バランスがとれるからこそ立っていられ、そして力強く地に足をつけて生きていくことができるのです。中心とバランスを意識して生きることが自立なのだと、3回目の冬を超えて自分なりの答えが見つかりました。

自然とは人間とは、つねに揺らぎの中で生きている存在です。一定＝安定とは言えず、むしろ揺らぎの中に安定があるのです。

電気の一定供給は便利さと安心感を与えてくれる一方で、〝自分の中心〟と引き換えにして大切なものを失っているのかもしれません。

中心点を相手に明け渡してしまっている状態は依存です。オフグリッドは、揺らぎを取り戻すことで中心の感覚を取り戻せます。

この経験からいま自然界のバランスがこれだけ崩れてしまっているのは、現代社会システムに取り込まれた人間が「一定＝安定」という錯覚を起こしたことが原因だと考えるようになりました。中心をつかめなくなった結果、バランスを崩してしまったからなのではないかと。

わたしは、地球上でのヒトの役割は〝管理人〟だと捉えています。

生態系などのバランスをしっかり把握して、調和を保つことができるように配分したり調整したりするのが役目だと思うのです。それはまるで、美しい庭園を保つために人が手入れをするように、美しい星々を保てるよう維持管理するのと同じこと。

生態系のピラミッドの頂点に座すヒトという動物が、中心点がわからなくなってそのバランスを崩せば、連動してこの世界はバランスを崩して崩壊していきます。

これからは揺らぎを受け入れ直して、不安定の中にある安定を見つける力を回復して、中心点とバランスを取り戻していくことが求められるでしょう。

オフグリッドな暮らしや生き方は、まさにそれを助けるものだと自信をもって言えます。

Column 05

# 電力自由化より、電力自給化を選ぼう!

2016年4月に電力自由化となって、既存の大手電力会社からではなく、小売り電気事業者に登録されたところからも電気を購入できるようになりました。

ガスとセットになっていたり、地域でつくった電力だったり、原発ゼロのエネルギーだったりと特色が異なるので、魅力を感じる会社から電気を買うことができます。

一見すると良い流れに見えるものの、この制度に個人的にはあまり希望を見いだせません。

というのも、いまの電力会社を卒業して別の事業者から電気を買うようになっても、既存の送電線を使用しているため、その使用料は電気料金に上乗せされて大手電力会社に払われることは変わらないからです。そして、その託送料金には、原子力発電で生まれる使用済み核燃料の再処理費用が含まれます。

つまり、脱原発を掲げて他の電力会社を選んだつもりが、逆に原発を推進させてしまうことになりかねないのです。

もうひとつの理由は、ロスの課題が残ったままという点です。電気というエネルギーはその場でつくってその場でつかうのが鉄則です。発電した場所と消費する場所が離れれば離れるほどロスが生まれます。

わたしたちがふだん使っている電気は、遠く離れた発電所でつくられて高圧電線を流れて届きます。

都市部の家庭や工場に届くころには600万kWもの電気が失われていて、日本全体でみると100万kW級の原子力発電所6基分になると言われています。

食べものや洋服などの「大量生産・大量廃棄問題」と似たようなことがエネルギーでも起きているのです。

いまの社会はいっぱいつくっていっぱいしていっぱい捨てる仕組み。

本来は、食べものもエネルギーもその場でつくってその場で消費するのが、一番無駄が少なくてエコです。

このオフグリッドな暮らしを始めて、「地産地消」ならぬ「家産家消」の経済で暮らしてみると、ロスが出ない暮らしの軽やかさと気持ちよさを知りました。

屋根の上に乗せた太陽光パネルで発電されたできたてのフレッシュでクリーンなエネルギーで家電を動かし、庭の菜園で育てて収穫した生命力あふれる野菜をフレッシュなうちに食べる。

このような暮らしは無駄がなく、地球や人々への負担もなく、エネルギーも食べものも新鮮で、いいこと尽くし。電力自由化もいいけれど、やっぱり電力自給化を目指したいところです。

Chap.
14

# 排泄物は地球への恩返し

オフグリッドな暮らしを営んでいるうちに、地球自体が家のように思えてきました。マンション暮らしのときには浮かびもしなかった発想です。

電気は太陽の光でつくってもらい、野菜は大地や雨や虫や雑草などにつくってもらう、自然の恩恵をいただいて成り立つこの生活。わたしは何もしていないということに気づいたとき、自然とはあらゆるものを惜しみなく与えてくれる存在なのだと知りました。すると、地球に対する感謝の気持ちでいっぱいになって、おのずと想像力と共感力が豊かになって、この星を傷つけたり汚したり壊したくないという強い思いが生まれてくるようになったのです。

地球そのものが家になると、おもしろい変化が心や頭の中で起きました。それまでこれっぽっちも疑問に思わなかったことに、疑問が生まれるようになったのです。

たとえば、トイレを流すとき。この汚い水はどこへ流れて行って、どんな処理をされて、地球はどんな影響を受けているんだろう？

あるいは、ゴミを出すとき。このゴミはどこへ運ばれて行って、どんな処理をされて、地球はどんな影響を受けているんだろう？

世の中、ブラックボックスだらけです。流してしまえばもう知らないし出してしまえばもう関係ないと、いままでどれだけ無責任に生きてきたことでしょう。

いままで無関心で生きてきたことを猛省して、急いでトイレの排水処理やゴミの処理について調べてみると、電気と同じくらいエネルギーを無駄遣いしていることがわかりました。

たとえば、汚物などいろいろ混ざっている下水は、それを分離する仕組みを経る過程で出た汚泥を、ガスを使って燃やして捨てていること。そして、糞尿の混ざった水は川や海を汚し、生態系を狂わせてしまっていること。また、生ゴミは水分が多いために、たくさんの石油を使ったり、プラスチックゴミを一緒に燃やして処理をされていること。そのためにとてつもない環境負荷がかかっているうえに、とてつもない税金が投入されているのです。

また、トイレットペーパーを含めて「製紙」が地球に負担をかけていることも同時にわかりました。

他国の原生林では1000年以上もの時間をかけて立派に育った木が、紙のために容赦なく切り倒されています。それは、日本の屋久島にある立派な縄文杉たちがどんどん伐られて輸出されていくようなもの。

トイレットペーパーのためだけでも毎日約3万本の木が伐られていて、電気と肩を並べるほどの環境破壊が起きています。

オーストラリアのタスマニアでは樹齢数千年という貴重な木々が伐採され、そのウッドチップの90％以上を日本が輸入していたそうです。

また、豊かな森林を持っている国では日常的に違法伐採が起きていて、そのために生活の場を追い出された原地住民とのあいだに紛争も起きています。

自分のお尻を拭いているときに地球の裏側で起きている事実を受け止め、トイレットペーパーを使わない生活にチャンレジしてみることにしました。

最初に試みたのが、着なくなったオーガニックコットンの服を切った古布で拭くこと。

日ごろ使い捨ての紙ナプキンではなく布ナプキンを使ってきたので、布をあてることには特に抵抗はありませんでした。

赤ちゃんも布おむつをするくらいなので、大人も布を使って拭くことは特別なことでなく、むしろこちらのほうが自然な気がします。

実際にあててみると、綿や麻など自然な布が与えてくれる特有の温かさがとても心地よく、敏感で繊細なところだからこそ、その良さを本能的に感じました。

すると、トイレットペーパーの肌触りの不快感が際立つようになって、気づいたら布で拭くことが当たり前になっていきました。

しかし、夫はトイレットペーパーユーザーで、お客様がいらっしゃることが多い家でもあるので、トイレットペーパーはやっぱり必要。

そこで使い始めたのが、社会福祉法人「共働学舎」のもの。共働学舎は、障がいを持った方のための施設で、みんなで協力しながら製造が行なわれています。こちらの特徴は、再生ルートがなく焼却炉で燃やされるだけの雑誌を再生させたもので、地球環境に優しい無漂白であること。バージンパルプを使わないので、森林を守ることにもつながります。

以前、雑草に関する本を読んでいたときに、「フキ」は「拭き」が語源であることを知りました。

諸説あるようですが、昔の人は外で用を足したときに近くに生えているフキの葉でお尻を拭いていたため、フキ（拭き）という名前がついたとか。

糞土研究会代表の伊沢正名さんによれば、フキの葉はお尻を拭くのに5段階評価で4のランクだそう。ちなみにトイレットペーパーの評価は3。つまり、トイレットペーパーよりも気持ちいい拭き心地というわけです。

興味がわいたので庭のフキの葉で試してみたところ、本当に気持ちいいではありませんか！　ひんやりしっとりした触れ心地といい、柔らかさといい、草特有の爽やかさといい、いままで経験したことのない感覚！

これはスゴイと思って何枚かフキの葉を摘んでトイレにストックしてみたら、使うときには萎《しお》れてしまって残念な感触に……。

摘みたての新鮮な葉でないとあの素晴らしい感覚が得られないとわかったこのとき、排泄物は大地に還すものなのだとハッと気づいたのです。

だからこそフキは人間が屈《かが》んだときに摘みやすい高さあたりに育つようになっているのではないかとわたしなりの仮説が立ちました。もしこの仮説が正しかったら、自然はよくできているとつくづく感じます。ちなみに、表面がツルツルした葉っぱで拭いたら伸びて広がってしまい、拭けば拭くほどお尻が汚れて大変なことになりました。葉っぱ選びはとても重要ですのでご注意ください！

ほんの一昔前までは、排泄物や生ゴミなどは水に流したり捨てるものではなく、肥溜めなどにためて発酵させて堆肥として生まれ変わらせて、暮らしに溶け込んでいました。捨てるという発想は微塵もなく、すべては循環するものであり、始まりと終わりはいつも一緒。これこそ持続可能な社会であり、人間も地球もハッピーな関係。

東日本大震災と原発事故を経験して、もっと自然と調和した暮らしをしたいと思うようになって、マンションでもできることのひとつとしてベランダでダンボールコンポストを実践していました。そして、小さなベランダから10畳の庭に変わって土に直接還せるようになると、その高い還元力に驚きました。

硬い柑橘《かんきつ》の皮であろうが、カビが生えてしまったものであろうが、半月もあればフカフカの土になってしまうのです。虫や微生物たちのチカラを借りれば、簡単に大地に還ってしまいます。

生ゴミが土に還る様子を見えているうちに、自分の排泄物も土に還したいという欲求が抑えきれなくなってきました。

しかしながら、生まれてからこのかた水洗トイレ以外を使用したことがないこの身。何をどうやって自分の排泄物を土まで運んでいこうかと悩みます。

そんなある日、月経中に布ナプキンを直径30センチほどのホーローバケツで洗っているときに閃《ひらめ》きました。

これだ！　これを使えばいいんだ！

ホーローバケツに自分の排泄物をためて、庭に穴を掘ってそこに放ってその上から土や枯葉を被せて、またホーローバケツにためて……を繰り返せばできる！

そのアイディアに突き動かされるかのように、急いで布ナプキンをバケツからタライに移動させて、空になったバケツをトイレに置いてその中に排泄することにしました。持ち運びや洗浄が可能な便利なマイ便器の誕生です！

初めて尿意を催したとき、「ついにきた！」と胸を高鳴らせてトイレに駆け込みました。洋式便器よりもずっと低いホーローバケツにお尻の位置を合わせてしゃがんでみると、予想以上に低くてひっくり返りそうに。身体を支える足やお腹の筋肉を締めてプルプル震わせながら、一方では尿道括約筋を緩めて出してみます。

無事に終えて恐る恐る中を覗いてみると、今更ながら色や量を知って驚きました。いままでは水洗トイレの水に混ざってしまって、それがどんな色をしていてどんな状態でどのくらいの量なのかもわかりませんでした。

しかし、このとき生まれて初めて自分の身体から出た自分の一部としっかり向き合うこととなり、本当の自分を知る責任のようなものを感じたのでした。

それから何度か繰り返して、ついに便意を催したとき、排尿の1万倍くらいドキドキワクワクしながらマイ便器に出してみました。

見てはいけないものを見るかのようにバケツの中を覗いてみると、そこにはいまわたしから生まれたばかりの分身が鎮座していました。

いままでは便器の底に沈み、すぐに流してしまっていたものが堂々とそこにある。思わず顔を近づけて、「ほ～！　こうなってるんだ～！」と独り言を言いながら、矯《た》めつ眇《すが》めつ見入ってしまいます。

さっそく土に還してみようと意気込んでバケツの手を持った瞬間、その重さに身体がふらつきます。

これだけの質量があるものがこの身体に入っていて、こうして外に出てきたのかと思うと、身体の仕組みやその働きに敬意を払いたくなります。そして、排泄物の重さは生命の重さそのもので、畏怖の念のようなものがこみ上げてきます。

生命が詰まったそのずっしりとしたバケツを庭まで運んでいって、掘った穴に勢いよくザバーッと放ってみると、最初から最後まで自分自身を見届けた誇りのようなものが生まれてきて、言葉にならない達成感を味わったのでした。

その晩、このマイトイレ体験がもたらした感動を興奮しながら夫に伝えると、冷静に聴いてくれました。そのうえで、たっぷりの容量を受け入れられる穴が必要であることを切実に感じたので、大きな穴を掘ってほしいとお願いしてみることに。

するとすんなり承諾してくれて、庭の奥に直径50センチ・深さ1メートルの特大の穴を用意してくれました。それは小さなクマなら余裕で落っこちてしまいそうなほどの穴。

これからどんどん出してどんどん還せる！　と、〝マイ肥溜め〟のプレゼントに手を叩き小躍りして喜びました。

こうしてホーローバケツがマイトイレとなって、庭に掘った大きな穴がマイ肥溜めとなって、このスタイルの排泄行為にどんどん慣れていくと、楽しくて楽しくてたまらなくなりました。

今回はどんな色かな？　どのくらいの量かな？　どんな感じかな？　と、わたしの体内にいるもう一人のわたしと出会える嬉しさでいっぱい！

小便・大便というくらい、それらは身体からの大切なお〝便〟り。そのやりとりは大好きな人との文通に似ていて、身体が思いを込めて書いてくれたラブレターを受け取って読むのです。

ちなみに、便の構成は3割が胆汁に含まれるビルビリンで、もう3割が腸内細菌の死骸で、残り3割は役目を終えてはがれた胃や腸壁の上皮細胞だそうです。意外ですが食べものの残滓《ざんし》は1割もないのです。つまり、便はほぼ自分自身と言えます。

これを汚いと思うことは自分を汚い存在だと無下《むげ》に扱うのと一緒。便と仲良くなることは自分を理解して仲良くなることなのです。

排泄物を見て問題を発見したときは、これは何が消化できずに残ったんだろうと、気になる部分をよく観察します。

すると、たいていその理由がわかるもので、前日に食べたものや食べ方の問題が浮き彫りになります。

昨日の自分をしっかり受け止めて、今日の自分とつなげて、明日の自分に生かしていく。こうして排泄を通して生き方やあり方を再確認するようになりました。

穴に流し込む工程まで経ると、排泄プロセスの最後をやり遂げた達成感が得られます。ただ出しただけではスッキリ感が得られなくなって、土に還してやっとスッキリするようになりました。

土に還さないと便秘をしているようでなんだか心地悪いのです。朝起きたら排尿排便をして、それを土に還して、バケツを洗って、陽当たりのよいところで乾かします。この一連の工程を全うして初めて排泄終了。

これが朝の日課になると、なぜか味覚がグンと高まって朝ごはんの美味しさが変わりました。

口という入口と肛門という出口はひとつのパイプでつながっているように、食事と排泄は切っても切れない関係。どうやら、本来の人間的な排泄がしっかりできると、食事という営みも研ぎ澄まされるようです。


排泄というものが汚いものではなく喜びをもたらす尊いものとなって、水に流すものではなく土に還すものに変化すると、地球と自分がひとつに溶け合うような不思議な感覚を得るようにもなりました。

土に埋めているときの幸福感は筆舌に尽くしがたいものがあります。実験として1回分の排泄物を土に埋めて、還っていくその様子を観察してみました。すると目に見えない微生物たちが集まってだんだんと土のような色と質に変わっていって、墨汁のようなスモーキーな馨《かぐわ》しい香りを放つ土の塊になっていって、最後はフワフワの土になって地球と一体化していきました。

条件が揃えばそこから植物も生えてきます。空気に触れる面積が広ければ広いほど、微生物ではなく虫たちが集まって分解していくこともわかりました。

わたしが生み出したものが、あらゆる命とつながり合って、地球を豊かにすることができている。このことを目の当たりにして、自分が世界の役に立っていることを知って深く感動しました。

わたしたちは食べものや空気など生きていくために必要なものをすべて地球からいただいて、もらいっぱなしでお返しができていません。

唯一の御礼は排泄物です。それを大地に還すことは恩返しとなります。

地球へのお礼はなるべくよいものを渡したいという思いから、口に入れる食べものに対してよりいっそう気をつかうようになりました。

また、外出先でやむを得ずトイレをするときは、せっかく1日かけて用意した地球へのお礼が台無しになってしまう悔しさと無念さで、泣き崩れそうになるようになりました。

それゆえ、外出先ではなるべく我慢して、家に帰ってからするようにしています。

そんな話を年配の方に話したら、昔は外出先で用を足してから家に帰ると、もったいないことをしたとして家族から叱られたものだと教えてくれました。どうやらこの考えと実践は間違っていないようです。

このホーローバケットトイレの経験を重ねていくうちに、青空トイレへと洗練されていくのには、そんなに時間はかかりませんでした。

自然な排泄感覚をどんどん取り戻していくと、庭先でパンツを下ろして直接草むらでするようになって、ついに究極の野性的な排泄スタイルへと到達しました。

木漏れ日のもとで鳥が鳴くのを聴きながら、身体の横を爽やかな風が吹き抜けていく心地よさを味わいながらの一仕事。それはダイナミックな自然と一体化する神聖な時間で、心も身体も大きく解放されます。

この爽快感と満足感を知ってしまうと、自然の中でするより気持ちいいトイレは見つけられません。

このようにして、30年以上ものあいだ、当たり前の習慣として染み付いていた洋式の現代トイレから、いとも簡単に抜け出すことになったのでした。

# Chap. 15 生のエネルギーと死のエネルギー

オフグリッド生活を始めてまもなく、家電製品がそれまでと違う働き方をし始めました。マンションで使っていたときよりすこぶる調子がよいのです。

最初に気づかせてくれたのは掃除機でした。スイッチをオンにするとヘッドが床にくっついてしまうほどの力強さ。ゴミをグングン吸いこむので、フィルターボックスの中はすぐにゴミで満杯になってしまいます。

次に気づかせてくれたのは冷蔵庫でした。冷蔵室の一番下の段に置いた食材が凍るほどの冷えっぷり。冷凍されては困るので、レベルを「中」から「低」に設定を変えたほどです。

そして、照明器具。明かりをつけるとなぜかとても優しく明るくキラキラと輝いていて、その柔らかく丸いきらめきのシャワーが心地よいのです。

これらの掃除機や冷蔵庫や照明器具の変化を見ると、彼らがいきいきしていることは間違いありません。まるで「この電気だと元気いっぱい働けるよ！」と、そんなふうに嬉しそうに話しかけてくるかのようです。

あるイベントにトークゲストとして招かれたとき、パネリストとして同席したミュージシャンが興味深いことをおっしゃいました。その方は、太陽光で発電した電気をバッテリーにためて、その電力で自身の音楽のレコーディングをしていると言うのです。

なぜなら、商用電源と太陽光で生みだした電気では音の質が変わり、後者のほうがキレイな音で納得のいく作品になるからとのことでした。

じつは、独立電源を導入した多くの人たちが、これと似たようなことを体感します。それまで聴いていた音楽が急に澄んだ美しい音質になって、耳に届く心地よさが明らかに変わる印象を受けるのです。

なぜこのような現象が起きるかというと、インバータが関係していることがわかりました。周波数を調えて安定した状態で出力することで、どうやら電気の質がよくなるようです。

でも、それだけでは説明できない何かがありそうなのです。太陽そのものが持っている何かが秘密を握っているのではないかと推測するようになりました。

というのも、電気を使わないソーラークッキングや太陽熱温水利用でも、不思議な現象が起きるからです。

ソーラークッキングした料理は美味しくてパワーがあって、太陽熱温水器で沸かしたお湯は丸く優しくなります。

また、ソーラークッキングした料理はなぜか腐りにくいことも不思議です。

〝おひさまの魔法〟とも呼べる、これらの不思議な現象。わたしが体感したり目にしたものの中で、科学的に説明できるものはごく一部です。大半は説明や立証ができなくて、もどかしいことばかり。その計り知れない可能性や力に圧倒されっぱなしです。

個人的な見解ではありますが、化石燃料という地下資源と太陽という天の資源の違いが、エネルギーの質の違いを生んでいるのではないかと踏んでいます。


電気やガスの元となる化石燃料は地下何千メートルもの奥に眠っているもので、何億年も前に死んだ動植物たちが地下深くの温度や圧力によって変化してできたものです。いわば太古の死の情報が詰まった〝死のエネルギー〟と言えるでしょう。

一方、太陽は海を温めて雲をつくって雨を降らして大地を潤したり、発芽や開花や結実を促したりして、地球の全生命を見守って導いてきた存在です。いわば万物に命を吹き込む〝生のエネルギー〟と言えるでしょう。

目に見えないエネルギーという存在。そのことを科学的に説明することは難しい場合が多く、お話し会や講演会でも非科学的・超科学的にならないように注意しながら、あくまでもわたしの体感と推測としてお伝えしてきました。

しかし、ある講演会で登壇したときに、思わぬかたちで解にたどり着くことになりました。講演が終了すると、一人の女性が話しかけに来たことがきっかけでした。

その方は、「あの、つかぬことをおうかがいしますが、ひょっとしてソーラークッキングしたお料理って腐りにくくないですか？」と聞いてきます。

どうして知っているのだろうと驚いて、「なぜわかるんですか？」と聞き返すと、大学院で物理学を研究しているので科学的な推測が浮かんだと言うのです。

彼女の説明では、太陽光で調理するということは、抗ウィルスや殺菌作用のある紫外線が筒の中の食材にまで届くので、過剰なウィルスや菌の繁殖を防いでいる可能性があるそうです。

また、太陽光線には赤外線も含まれているので、水は心身を芯から温めることができるお湯になり、食材はうま味や甘味が引き出される美味しい料理になるそうです。

太陽光線は、人類がまだ見つけられていないものが圧倒的に多いそうです。なぜなら、人間が目で知覚できるのは赤から紫までのたった7色だからです。

赤よりもさらに外側にあって目には映らない光線すべてを「赤外線」と呼び、紫よりもさらに外側にあって目には映らない光線を「紫外線」と呼びます。

「太陽から降り注ぐさまざまな光がソーラークッカーの中で響き合うことで、ひとつの調和が生まれている可能性が高く、わたしたち人間がまだ知り得ていない現象が調理を通して成されているかもしれません。これからさらに少しずつ解明されていくと思います。まさに未来型の調理法です」という彼女の見解が印象的でした。


よくよく考えてみると、太陽が照らしてくれている昼間の空には数えきれないほどの星々が存在していて、時には月も浮かんでいます。

明るいゆえに見えていないだけで、太陽や美しい星々や月の光を浴びてつくられる料理だと考えると、ちょっとロマンチックになってきます。

つまり、ソーラークッキングというよりはコスモクッキングといったほうがより適切かもしれません。

暗くて見えないこともあれば、明るすぎて見えないこともある。太陽は大切なことを光で見せたり隠したりして教えてくれる、どこまでも神秘的で魅力的な存在です。

さて、生のエネルギーである太陽について知ったところで、死のエネルギーである化石燃料について理解を深めてみましょう。

現在行なわれている化石燃料の採掘はおもに4種類あります。

まず、地表を爆発させて石炭を得る「露天掘り」。

次に、地下の岩体に超高圧の水を注入して亀裂を作って天然ガスを得る「水圧破砕法」。

そして、海を汚して石油を得る「海上採掘」。

最後に、もっとも破壊的と言われている「オイルサンド採掘」。

これは、石油を含む砂岩に穴を開けて、地下に熱い蒸気を注入して、油分を地表に浮き上がらせる方法です。野生動物が住まう豊かで広大な森林が伐採され、むき出しになった地表にドロドロのタール状の黒い石油がたまっている様は、ここは地球ではなく地獄ではないかと思えてくるひどい光景です。

電気やガスやガソリンを使えば使うほど、地球にはたくさん穴が開き、表面はタールだらけになって、美しい大地は地獄絵図と化します。

そして、ここまでして採掘した燃料を、今度は火と合わせて燃やしてエネルギーを産生するので、大気を汚したり窒素や二酸化炭素を大量に放出したりして、気温を上昇させます。

温暖化は化石燃料をベースにした経済活動が原因です。いま世界各地で気候変動による異常気象が多発している状況を見ると、もう地球が限界に達していることは明白です。採掘から産生までに地球が味わった痛みや悲しみの記憶を持つエネルギーでつくる料理やお湯と、相思相愛の太陽と地球が微笑み合って幸福な気持ちですごした記憶を持つエネルギーでつくる料理やお湯では、明らかな違いがあってもおかしくありません。

地下資源はいつか枯渇するという問題があります。

現在世界中で1年間に消費されるエネルギーは石油換算で約100億トン相当。このようなエネルギー大量消費を続けた場合、維持できる残りの年数は、石油50年、石炭150年、天然ガス50年、ウラン100年と言われています。

石油は2・5億年、石炭は3億年、ウランはなんと20億年もの年月をかけてできたもの。途方もなく長い時間をかけてつくりだした地球の産物を、100年そこらで使いきってしまうなんてあまりにも残酷なことです。なにより、わたしはそれらの資源を少しでも地球の内部に残したいと思っています。

「ガイア理論」という考え方があります。これは地球と生物が相互に関係し合い環境をつくりあげているとして、地球をひとつの巨大な生命体とみなすものです。

人間が身体や意識を持つひとつの生命体であるように、地球もその身体と意識を持つひとつの生命体。

わたしたちに存在する60兆個の細胞や各臓器や血液などそれらすべての存在に役割と機能があり、正常に連携し合うことで今日も健康に生きることができます。地球に存在する山や海や川や動植物や微生物などすべてのものも役割と機能があって、それらがつながり合って地球は生きています。石油や石炭や天然ガスが地球の内部にあることには意味があるはずです。地上に出てはいけないものだからこそ、地球は自分の奥深くに収めることを選択したのです。

あるべき場所にあるべきものが存在していないとバランスが崩れてしまいます。それらが地球からなくなったとき、地球にどのような影響を与えてしまうかわかりません。


地中にあるものを掘り起こすのではなく、すでに天から降り注がれているものを受け取るだけで、清らかなエネルギーを生みだせる太陽光と太陽熱。

「死のエネルギー」とともに暮らすのか、それとも「生のエネルギー」とともに暮らすのか。どんなエネルギーとともに生きていくのか。暮らしにおける一人一人のその選択によって、地球の未来にも大きな差が出てきます。

わたしたちは買いものをするときに、商品の裏側を見てその原材料を確かめて、身体によいものかどうかを確認します。同じように、いま使っているエネルギーが何を原料にしてどのようにつくられているかを確かめて、身体によいものか地球によいものかを判断していく必要があります。

エネルギーという目に見えず手に取ることができないものだからこそ、より注意深く意識したいものです。

Column 06

# ストップ！メガソーラー建設

同じ太陽光発電でも、どうにも賛成できないのがメガソーラーです。メガソーラーとは、出力1メガワット以上の大規模太陽光発電を指します。

発電した電力は、再生可能エネルギーとして、国の固定価格買い取り制度に則って、一定期間電力会社が買い取ってくれます。

山間部などを訪れると、メガソーラー開発によって生まれた異様な光景をよく見かけます。美しい山肌が削られて、太陽光パネルがパズルのようにぎっしり敷き詰められているその様子はなんだか不自然です。

たいていの場合は山の尾根筋につくることが多く、これが大きな問題を生み出します。

なぜなら、尾根に生えている木は山を支えるために、他の木に比べて根っこが深く、重要な役割を担っているからです。

そのような大切な木々を何万本も伐採し、尾根を削り、谷を埋めて行なうこの開発は、地形や生態系を変えて、自然界のバランスを崩してしまいます。

いま、全国規模で急激に進むメガソーラー建設によって、事業者と住民間でのトラブルが相次いでいます。国内では法整備が追い付いていないため、自治体が間に入ることもできません。そのため、住民の反対を押し切って工事が強行されるケースが多いのも事実です。

岡山県のある場所では、水脈が変わってしまったことで、農業に使えていた山水が枯渇したり濁ったりして使えなくなり、農家が困っています。

また、鹿児島県のある地域では、むき出しになった山肌からの土ぼこりに住民が悩まされています。

2015年の鬼怒川の大規模な水害は、メガソーラー建設によって自然堤防が削り取られたことが原因だと言われています。豪雨による濁流がそこから越水して、住宅地を呑み込んだようです。

近年、台風や大雨のたびに川が氾濫して街や都市を襲うようになったのは、メガソーラー建設によって山や川の保水力がなくなってしまったからという見方が出てきています。

さまざまな問題が浮上する中で、強引に進められていくこの開発。もしこのペースで増え続けた場合、国土の10％近くが太陽光パネルで埋められてしまう計算になるそうです。

一方、オフグリッドは自然との調和に重きをおいた、「足るを知る」ライフスタイル。自然に手をつけることなく、すでにある家の屋根や屋上を有効活用して、ほんの少し太陽光パネルを乗せるだけです。

本来なら環境を守るはずの太陽光発電が、逆に自然を破壊しているという矛盾を抱えたこの現実。

どんなに高い技術やよいアイディアが生まれても、わたしたちの利益追求主義や大量生産大量消費を土台とした考え方を見直さないかぎり、せっかくのよい発電方法もその価値が発揮されません。

そう考えると、オフグリッドもいまの人間の意識と精神性のままでは、よいものとして機能しない可能性があります。

たとえば、オフグリッドすることでバッテリーが売れることに着目した場合、それで儲けようと使い捨てのバッテリーを大量に生産して販売したら、それこそ環境に負荷をかけてしまいます。

外側の仕組みをどんなに変えても、わたしたちの内側が変わらなければ同じ歴史を繰り返すだけ。

まずは「足るを知る」を思い出しましょう。オフグリッドがよいものとして未来で歓迎されるには、この意識と歩を合わせていくことが不可欠です。

Chap.
16

# テレビ、電子レンジ、冷蔵庫、掃除機がなくても暮らせるか？

この家にはテレビと電子レンジがありません。

マンションで暮らしていたころは、深夜番組もよく見ていたほどのテレビ好きで、見ていないのにBGMがわりに一日中つけているような人間でした。

しかし、福島第一原発事故を経験して、テレビから流れてくる情報が信じられなくなってしまいました。

いまはインターネットで海外のニュースも見られる時代です。海外ではこの原発事故や放射能対策についてどのように報道しているかを調べたら、日本と情報の厚みや深さや濃さがまったく違うことに驚きました。

政府や企業の都合のよいことしか得られない、こんな重くて大きい受信機なんてもう要らないと思い、引っ越しの際にほしい人に差しあげました。

以来、テレビなし生活は5年以上になりますが、困ったことは一度もありません。

むしろ家庭菜園や味噌などの調味料づくりや、執筆や読書や習いごとなど、テレビに割いていた時間が他の生産性の高いものへと変わって、日常の充実感が増しました。

また、テレビから流れてくる引っ切りなしの音がなくなると、鳥や虫の歌声や風で木々の葉を揺れる音色がどれだけ美しいものかが初めてわかりました。

テレビからの一方的な刺激の強い音や映像のシャワーを浴びていたころは、それ以外の音や景色が耳や目に入ってくる余地がなかったようです。


電子レンジも以前の暮らしではよく使っていて、特に忙しい一人暮らしの会社員時代はたいへんお世話になった存在です。

しかしながら、電磁波やマイクロ波の問題は知っていたので、これで料理を温めて本当に大丈夫なのだろうかと、薄っすら不安を持ち続けていました。しかもその不安は大きくなるばかりだったので、これも引っ越しの際に欲しい人に差しあげました。

電子レンジに依存した生活から使わない生活になっても、不便だと感じたことは一度もありません。

逆にキッチンにはスペースができてスッキリしたり、冷凍ができない環境ゆえにいつも出来立ての新鮮な食事を食べられるようになったりと嬉しいことのほうが多いです。

電子レンジは便利品として一般的に認識されていますが、いざ使わなくなると逆に不便で面倒なものだったことを実感しました。

せっかく温かく柔らかなホカホカのご飯やおかずをつくったのに、それをわざわざ冷凍してカチコチに固くかためて、またそれを元に戻すために解凍して温めるという、二度手間の時間と労力とエネルギーを費やさなければならないからです。

土鍋でご飯を炊いておひつに入れておけば、柔らかいまましばらくもちます。

お塩・お味噌・お醤油・お酢・梅干しなどを上手に使って調理すれば、保存のきくおかずとなって長持ちします。

それを数日間分の食事やお弁当のおかずとして食べれば、余計な電力や時間や手間から解放されてストレスフリーです。本当の便利さはこっちのほうでした。

テレビと電子レンジを手放したあと、オフグリッド生活が深まっていく中で冷蔵庫と掃除機の必要性も感じなくなっていきました。

さすがにこれらはないと生きていけないと思っていただけに意外でした。

それは、秋の長雨が2週間ほど続いて電気極貧生活が続いたときのことでした。インターネットの天気予報をチェックすると、雨マークがずらりと並んでいます。発電できるチャンスが見つけられず、明日の希望が見いだせず、心も厚い雲で覆われます。

掃除機や洗濯機は使用を控えればいいだけですが、冷蔵庫は24時間365日稼働し続けるもの。この電力消費量は1日約750Whで、雨の日の発電量は600Wh〜1kWhなので、ほぼ冷蔵庫だけで貴重な電力が使われます。

このまま雨が続けば冷蔵庫はついに止まるだろう。止まってしまったらいったいどんなことになるのだろう。あらかじめリスクを把握しておこうと、困ることを書き出してシミュレーションしてみることにしました。

「1つ目、冷えていたものが温まって水滴がつく」

「2つ目、保存していたものが腐るかもしれない」

「3つ目……」

あれ？　3つ目が浮かんでこない。

絞り出すようにあれこれ想像してみても浮かんできません。

ということは、たった2つだけ？　と思わず拍子抜けしてしまいました。

水滴がついたらタオルで拭けばいいだけのこと。野菜は庭で収穫して食べているから、冷蔵庫の中はわりとスッカラカン。電子レンジも持っていないから冷凍食品も一つもナイ。

キッチンを見渡してみると手づくりした味噌や梅干しなど常温保存のものばかり。

つまり、腐るようなものがそもそも冷蔵庫の中になかったのです。それまで冷蔵庫がないと暮らせないと思い込んでいた色眼鏡が外れた瞬間でした。

冷蔵庫が使えなくなったときの最悪のリスクを予想してみたら、恐れる必要はどこにもなかったことがわかって一気に脱力してしまいました。

人間がいかに恐怖に惑わされて生きているかということです。「コレがないと困る」という感覚がどんどん巨大化して、「コレがないと死んでしまう」くらいに上書きされて強化されているのです。

いったいわたしたちは何に囚われて日々生きているのでしょうか。よくよく考えてみると、冷蔵庫があるからこそ電気貧乏になったときの悩みが増えるわけで、いっそのこと冷蔵庫がなければ悩む必要も、その余地すらもなくなります。

いまはキッチン内に味噌樽や醤油樽が増えて置くスペースがなくなってきているので、いっそのこと冷蔵庫を手放してそれらを置くスペースにするほうが賢明かもしれません。

掃除機の使い方や考え方が変わったのも、同じく秋の長雨のときでした。

電力ピンチに陥ると、掃除機を避けてホウキとハリミで部屋をキレイにします。ホウキで掃くと、サッサッサッサッサという爽やかでリズミカルな音が心地よく、なんだか軽やかかな気分に。

そんな非電化な掃除をする日々が1週間以上続くと、ある変化が起きました。掃除が終わった後の心のスッキリ感が尋常でないのです。まるで部屋の汚れだけでなく心の汚れまでもとれて、その日一日を安定した精神状態ですごすことができるようになりました。

しかも、わたしの精神状態に連動して、愛犬の振る舞いも変化しました。掃除機をかけるとその轟音に驚いてパニックになって家じゅうを駆け回って逃げていたのですが、ホウキで掃除をするととても落ち着いていて、むしろ心地よさそうに近寄ってくるようになったのです。

その様子を見て、ふと姉のことを思い出しました。彼女は吸引力の強い高価な掃除機を購入して使い始めたところ、耳をつんざくような轟音とその重さにストレスを感じ、掃除機をかけ終わると疲れてソファーに倒れ込むようになってしまったと言います。

同じ掃除という行為でも、道具の選び方や身体の使い方によって天と地ほどの差が現れるようです。

この心が清らかで軽やかになる感覚を得てからは、晴れて電気富豪の状態でもあえて掃除機を使わず、ホウキで丁寧に掃除をするようになりました。

掃除の「掃」という字は、「掃《は》く」の他に「掃《はら》う」という使い方があります。同じ「はらう」でも、「祓う」や「拂う」という言葉もあります。

一休さんのようにお寺では僧侶が寺院を掃いているイメージがあります。神社では「お祓い」などのご祈祷があります。どうやら「はらう」ことには神聖な要素がありそうだと、この経験からにらんでいます。

そこで思い出したのが、赤塚不二夫さんが描かれた「天才バカボン」に出てくるホウキを持った「レレレのおじさん」。諸説あるそうですが、「バカボン」とは「薄伽梵(バギャボン・バガボン)」という仏教用語でのお釈迦様の敬称だそうです。かの有名なバカボンのパパが言う「これでいいのだ」は、〝あるがまま〟〝ありのままを受け入れる〟という悟りの境地のことだとか。じつは深い哲学的な漫画なのですね。

有名な「レレレのおじさん」は、お釈迦様の弟子であるシューリハンタカという人物がモデルだと言われています。

シューリハンタカが自分の愚かさに耐えかねあきらめて故郷に戻ろうとしたときのこと。お釈迦様からホウキを渡されて「心の垢を流し、心の塵を除く」と言いながら掃除をするよう勧められました。そのとおりに掃除をし続けた結果、「真に払い除くべきものは、じつは自分の心の中の塵であり埃なのだ」と悟りをひらいたそうです。

ホウキで掃くという日々の行為には、どうやら大切な何かが宿っていそうです。


このようにして、テレビと電子レンジを手放してみたら、時間やスペースにゆとりができて健康的な生活に変化しました。そして、冷蔵庫の必要性をあらためて自分に問うてみたら、囚われから解放されて恐れがなくなりました。さらに、長雨によって掃除機ではなくホウキとハリミで掃除をするようになったら、心と精神の汚れまでとれることになりました。


わたしたちは知らず知らずのうちに、これがないと生きていけない、これがないと死んでしまう、という思い込みにがんじがらめになっています。無意識のうちに頭も心も暮らしも人生も縛られて身動きがとれずにもがいているのかもしれません。

電気はそういったことを象徴的にわかりやすく教えてくれます。

よくよく考えてみると、電気はなくても死にませんが、太陽や空気や大地や水がなくなってしまったら生きていけません。

本当のライフラインとは電気やガスなどではなくて、これらのほうだと言えるでしょう。

電気を自分たちで生みだして暮らし、とことん向き合ったからこそわかった、そんなになくても生きていけるという自信と安心感。

電気とは、暮らしの中でささやかな程度に存在しているくらいがちょうどいいものです。

電気をオフすればするほど、生きる力はオンされます。

Chap.
17
# おひさまは万能薬

ある日の夕方のこと。庭先に置いて夕飯のおかずをつくっていたソーラークッカーを取りに外に出たときのことです。

野菜に「日《ひ》」が通って完成した料理の甘い香りがあたりに漂っています。西の方角にはオレンジ色の大きな夕陽が浮かんでいます。

今日も太陽に電気や料理をつくってもらったことへの感謝の気持ちでいっぱいになって、思わず夕陽に向かって合掌。そして、微笑みながら「今日もわが家の暮らしを支えてくださってありがとうございます。あなたのおかげでこうして電気がつくられて、洗濯や掃除ができて、美味しいご飯が食べられて幸せです。また明日もどうぞよろしくお願いします」と深々とおじぎをしました。

さて家に入ろうと玄関のドアを開けようとしたら、隣の家のベランダで洗濯物を取り込んでいる最中だった奥さんがクスクス笑っています。

誰もいない空に向かって怪しい行動をとっていた一部始終を見ていたようです。

われに返って恥ずかしくなりましたが、そのくらい太陽への感謝が内側からおのずと湧きあがって、その気持ちを全身で伝えずにはいられない自分になっていたことを自覚しました。

太陽のことを心底愛してしまって、このあふれてくる思いの行き場が見つからなくてたいへんです。いまでは人目もはばからず太陽に微笑みかけたり、語りかけたり、手を振ったり、投げキッスをしたりします。

空に太陽があるだけで幸せ。幸せの沸点が低くなると毎日ウキウキしかありません。

菜園で自然を観察していると、わたしたちだけでなく動植物や微生物なども太陽のチカラをエネルギーにして生きていることがよくわかります。

発芽も、茎が伸びることも、葉が茂ることも、花を咲かせることも、種を宿すことも、すべて太陽がつくりだす季節の移ろいと連動しています。

また、生ゴミを捨てずに土に還しているのを観察していると、晴れた日が続くとあっという間に分解されますが、曇りや雨が続くとなかなか分解されません。

土が太陽に温められて温度が上がることで、微生物が活発に働ける証拠です。

太陽を中心にして回っている惑星の一つである地球という星で生きていることは、想像以上にその恩恵のもとで〝生かされている〟ということが言えます。

人類が誕生する前からずっと地球を見守り命を与えてきた太陽。今日に至るまで昇らない日はありませんでした。それゆえ、身近すぎて当たり前すぎて、その存在から命をいただいていることを忘れてしまいがちです。

この恵みに気づいたら、その神々しい光を少しでも多く長く浴びたいと本能的に欲するようになりました。

朝早く起きて裏山に登って日の出を見るようになって、日焼け止めクリームを塗らなくなって、日傘も差さなくなって、しまいには日陰ではなくて日なたを探して歩くように。

すると、不思議な変化が次々と起きました。カラダは若々しく健康的になって、夫がインフルエンザに罹ってもわたしは感染しないほど免疫力が高くなって、性格も明るく前向きでエネルギッシュになったのです。

何より一番大きい変化はお肌です。どんどん透明感が増して、きめ細やかになって、長年悩まされてきた吹き出物がなくなったのです。

太陽を浴びるとクスミ・シミ・ソバカスが増えるという定説と真逆の変化。

この解を知りたくて、自然療法を学んでいたころからお世話になっている先生に都内のクリニックで健康チェックをしていただいたときに尋ねてみました。すると、万能薬ともいえる太陽の驚くべき働きを知ることとなりました。

（1）太陽の光が皮膚に当たるとビタミンDが生成されて、新しい肌細胞が成長して新陳代謝が活発になり、肌荒れが改善したりクスミが解消されたりして美肌になる。
（2）紫外線は殺菌効果や抗ウィルス効果があるので、吹き出物にもよい。
（3）医療先進国のアメリカでは、人工の紫外線を当てて肌を再生する治療がある。
（4）太陽光を浴びるとセロトニンという幸せホルモンが分泌されて明るい性格になる。セロトニンは、うつ病の人に不足している神経伝達物質でもある。
（5）紫外線を浴びることで合成されたビタミンDはカルシウムの吸収率を上げて、骨を強化して強いカラダをつくる。さらには、がん細胞の増殖を低下させたり、風邪やインフルエンザなどの感染症を防ぐ免疫力も向上させる。
（6）太陽光を浴びると体内時計が整い、自律神経のバランスがよくなるので、大切なホルモンがたくさん出て若々しくなる。

先生いわく、現代人の不調や病は圧倒的な日光不足が原因とのこと。

こうしてわたしの心身の変化は現代医学でも立証されたわけですが、それは人間に限らないはずです。

たとえば、日なたで育つ野菜は葉が青々として元気で虫も寄りつきませんが、風通しが悪い日陰で育ったものはヒョロヒョロで葉も黄ばみがちでよく虫に食べられます。

怪我をした野良ネコや野良イヌは連日日なたでじっと太陽を浴びて治癒力を高めます。

天日干しした切り干しダイコンや干しシイタケなどの乾物は栄養が豊富ですが、機械乾燥されたものにはあまりありません。

日中干した布団で寝るとぐっすり寝られ、昼間しっかり太陽を浴びた赤ちゃんは夜泣きをあまりしません。つまり、おひさまは健康維持や治癒や再生を促す力が宿っているのです。


太陽が与えてくれる計り知れない力を知ると、世界各地で太陽を崇拝する文明が生まれたことにも納得します。

縄文文明、エジプト文明、マヤ文明などいろいろありますが、太陽信仰に基づく文明では戦争がなく平和な社会だったという説を耳にしたことがあります。

ちなみに、縄文時代の出土品からは土器は見つかるものの武器は見つからないそうです。

お天道様が見ているという意識のもと、自然や人々に優しく親切に生きることが当たり前だったのかもしれません。

健康、若々しさ、美しさ、治癒力などの鍵を握っている太陽。

逆に言えば、太陽から遠ざかれば遠ざかるほど、心身ともに老けやすく、病にもなりやすいと言えるでしょう。

最近、母子手帳から日光浴の推奨が消されてしまいましたが、ただでさえ現代の子どもたちは学校などで屋内ですごす時間が増えて骨が弱くなっているのに、赤ちゃんのときから太陽を奪ってしまったらいったいどうなってしまうのだろうと心配で仕方ありません。

古代の人たちはその素晴らしい力を敬い、日の出から日の入りまでともにすごしていきいきと暮らしていました。しかし、時代をくだっていくうちに日焼けするだの、シミ・ソバカスになるだのと言って忌み嫌い、昼間はオフィスで働いて建物の中に隠れ、人間たちは太陽から離れて不健康になりました。

それはまるで日本神話の〝岩戸隠れ〟のよう。これからは太陽ともう一度結び直して、その美しい光を享受して自身を輝かせることが、健やかで幸せになる秘訣。これぞ〝岩戸開き〟です。

古代の先祖たちは、いつか未来の人間が太陽から隠れてしまい、不健康で不幸せな暗闇の時代がやってくることを見越して、神話にメッセージを託していたのかもしれません。

もうひとつ、太陽とともに生きるようになって得たことがあります。それは、時間を自由に操れるようになったことです。

この暮らしを続けているうちに、1年を通しての太陽の高さや軌道など動きがわかるようになると、太陽の滞空時間がつかめるようになりました。

すると、1時間のあいだにこのくらい発電するだろうと予想できたり、この位置にこの角度でソーラークッカーを置いておけば何分後に料理が完成するだろうと目星をつけられたりするようになりました。

それはまるで太陽を誘導して時間というものをこちら側にたぐり寄せるような感じです。こうして、太陽を追っているうちに時間を追えるようになると、それまでの時間に追われる人生と逆転しました。

いつもクリアに先を見通せて、その日やりたいことをすべてやれるようになったのです。時間がないことを理由にして何かをあきらめるということがなくなって、いつも余裕やスペースや間があります。

日時計というものがあるとおり、太陽はまさに時間そのもの。時間を自由自在に扱えることは、人生の手綱をしっかり握れることと同じなので、自分の願うとおりに暮らしや人生を創造できるようになります。

時間に追われているときは借金に追われているようなもので、不安や恐れがいつも背後から追ってきます。忙しく生きている現代人は、そのストレスをいつも無意識に背負って苛立っているように見えます。

全人類が太陽とともにある暮らしを取り戻して、内蔵されている太陽時計のスイッチを押し直したら、自分らしい時間の使い方と人生の築き方ができるはずです。そうしたら素晴らしい世界になっていくことでしょう。

一方で、太陽がない夜の時間の素晴らしさも身に染み入るようになりました。太陽が昇るときに湧きあがる今日という一日が始まる高揚感と、太陽が沈むときに染み入ってくる今日という一日が無事に終わる安堵感。日没後の暗さも魅力的で、光も闇も両方とも甲乙つけがたい良さがあります。

すると、また身体に変化が起きて、夜に照明をつけることが苦手になりました。夜は暗いのが自然だということを身体が思い出したのです。

リビングではすべての照明をつけると眩しくて頭が痛くなってしまうようになったので、

半分しか照明をつけなくなりました。夕飯をつくるときも、キッチンの照明はひとつだけにして、ダウンライトは消しています。

手元が若干暗いですが、明るすぎるよりこっちのほうがなぜか集中できて、しかも目がラクなのです。

夜に愛犬の散歩に出かけると、街灯の光や車のヘッドライトの光が強すぎて目を瞑るようにもなりました。

この目の反応の変化が起きたときに、小学校の国語の授業で学んだある物語を思い出しました。それは、山に住んでいる主人公の動物たちが人間への不満と疑問をつぶやき合っているお話です。

人間が山に入るようになって一番困ることが、車のライトが眩しすぎるというものでした。月の明かりで十分なんでも見えるのに、なぜ人間はあんな光を使うのだろう？　と半ば呆れたように話している場面が、幼いわたしに強烈な印象を残したのです。

それまでたくさんの電気の中で生まれ育ってきたので、「月明りだけで見えるの？　それは本当？　それとも物語の世界？」と、幼心に興味とハテナでいっぱいに。

それから30年ほどの時間を経て、あの物語の動物たちが言っていた意味がわかりました。人間のつくり出した光は強すぎて、自然に住まうものたちにとっては不快で不自然であることを。そして、月は夜道を照らせるほど明るいということを。

それは、ある満月の夜、夫と一緒に愛犬の散歩をしていて体験しました。街灯のない里山の草道は月の光で燦然と輝いていて、月明りがわたしたちの後ろにくっきりと影までつくり出していたのです。

「お月さまってこんなに明るいんだね」とお互い驚きながら、夜空に浮かぶ眩しい銀色の球体をしばらく眺めていたのでした。


街灯に囲まれて夜も光を浴びているイチョウの街路樹で、光に照らされた部分だけ緑色のまま黄色く紅葉できていないものを見たことがあります。

また、マンションなどの入り口に植えられている植栽も、ライトの近くでは変色しているものをよく見かけます。

昼は太陽の光を浴びて夜もライトの光を浴びるので、昼夜の感覚がわからずリズムが狂って病気になっているのです。

それは自然の一部である人間にも当てはまるはず。

うつ病や生活習慣病など、ひと昔前まではなかった病が社会問題になっていることは、夜に煌々とした光の中ですごすようになったからではないでしょうか。

夜遅くまで蛍光灯のもとで仕事をして終電で帰っていた会社員時代は、いつもイライラしていて身体も疲れやすくお肌もボロボロでした。

いまは夜に浴びる光の量が激減して、21時をすぎると自然と眠くなって潔く布団に入ります。

こうして自然のリズムに抗《あらが》わず、社会がつくった時間に無理して合わせず、本能と自然なリズムに心身をゆだねるようになったら、身体も心もお肌もご機嫌です。

いまの都会はネオンなどの光が強すぎて、星空を見ることもできなくなりました。「光害」という新たな公害が生まれ、リズムが狂った世界で植物も動物も人間も必死に生きています。

会社も学校も電車もなんでも24時間刻みの現代社会。すべてこの〝社会の時間〟に則って動いているので、わたしのように21時に寝る生活はなかなか難しいものがあるでしょう。

それでも自然のリズムに乗れるオススメの方法があります。それは、寝る前に電気をつけずにお風呂に入ることです。「闇風呂」と勝手に名づけているのですが、これがなかなか効果的なのです。

明かりがないことで視覚からの情報がほどよく遮られて目も頭も落ち着くうえに、お風呂のリラックス効果が倍増して心も落ち着きます。その結果、朝までぐっすり眠れるのです。

最初は脱衣所の明かりだけをつけて、慣れてきたらそれを消して廊下の明かりだけをつけて、というように光源をどんどん自分から離していってみてください。

この心地よさを知ってしまうと、もう電気をつけてお風呂に入れなくなります。この闇風呂を小さな子どもたちのいるお母さんにすすめたら、「夜泣きがなくなった」「お風呂あがりに言うことを聞いてすぐ寝るようになった」など、不思議な変化の報告も受けています。

そして、さらにステップアップしたい方は、闇トイレも挑戦してみましょう。心地よく落ち着いて用を足せます。

昔の厠《かわや》は薄暗かったはず。電気で煌々と照らされながら用を足すことがおかしく思えてきたら、自然の感覚を思い出してきた証拠です。

明るいときは明るく、暗いときは暗く。明るい場所は明るく、暗い場所は暗く。明るくあるべき時間と空間、暗くあるべき時間と空間。これを日々の暮らしで少しでも意識するだけで、体内で止まってしまっている〝自然な時間〟の時計の針はまた動き出します。

Chap. 18

# 無限の創造力を持っていることに気づく

このオフグリッドな暮らしを望むきっかけとなったのは、2011年3月11日に起きた福島第一原発事故。

地球に負荷をかけ誰かに犠牲を押し付ける暮らし方や生き方から抜けて、地球も人々も幸せでいられる持続可能な社会をつくっていきたいと思い、選択したライフスタイルです。

電線をつなげない、バックアップなしの電力〝完全〟自給生活。本当に成り立つのだろうかと初めは心配しましたが、電力が底をつくことは一度もなく今日まですごせています。

不安は安心に変わり、疑念は確信に変わり、いま堂々と胸を張って言えることがあります。

それは、自然の力と人間の知恵を合わせれば、家庭で使う電気くらいなら自分たちでまかなえるということです。

行き場のない放射性廃棄物を出し続け、いったん事故を起こしたら収拾がつかない危険な原発を動かしてまでつくるものではないと思います。

でも、原発自体に罪はありません。それをつくり出した人間の欲望とそれを駆り立てる社会のシステム自体を見直す必要があります。

福島第一原発事故以後、世界は脱原発へと舵を切りました。ドイツ、ベルギー、スイスは期限を決めて全廃する方針を決定し、スペインもその流れに追随して原発の新設を中止しています。世界有数の原子力大国であったフランスでさえも、原子力依存度を大幅に下げる政策をいま展開しています。

また、原発推進国のアメリカでも２０００年をすぎたころから、原発は経済成長に貢献しないという理由でシェアを縮小し続けています。

お隣の台湾は日本と同様の資源非保有国で、原子力発電によって自前のエネルギーを確保する政策をとってきましたが、２０２５年までに全廃して風力と太陽光で補うことになりました。

インドネシアも原子力発電所計画が検討されていたものの、福島での原発事故をきっかけに大規模な地熱発電の拡大計画に切り替え、原発に頼らずに順調に発電量を伸ばしています。

２０１５年の国連サミットでは、ＳＤＧｓ（Sustainable Development Goals の略。「持続可

能な開発目標」という意味）が全会一致で採択されました。

それは、貧困や飢餓、エネルギー、気候変動、平和的社会など、持続可能な世界をつくるために各国が同意した、２０３０年までの達成を目指した17の目標です。

その目標のひとつに、「すべての人々の、安価かつ信頼できる持続可能な、近代的エネルギーへのアクセスを確保する」という文言があります。


こうしていま世界中が持続可能でクリーンなエネルギー社会へと歩を進めていますが、さて日本はどうでしょうか？

事故後に全国すべての原子力発電所はいったん停止し、1年半近く原発ゼロでこの社会は成り立つことが証明されたにもかかわらず、鹿児島県の川内《せんだい》原発を皮切りに原発が再稼働されていきました。

現政権が示す、２０３０年の総発電量に占める「ベースロード電源比率」を見ると、２０１０年時点に戻して現在稼動していない原発による電力供給を2割程度必要とするとしています。

世界と真反対な動きで時代を逆行し、原発事故を起こした国とはとても思えません。

原子力発電についての一般的な肯定的意見として、二酸化炭素を出さないクリーンさが挙げられますが、一度爆発したら大量の放射性物質を大気中にまき散らす可能性を考えたら、とてもクリーンとは言えないでしょう。

また、火力発電に比べてコストが低いことも引き合いに出されますが、火力発電の発電効率が約40％に対して、原子力発電は約30％で電気を生む量は少なめです。なにより、事故後にかかる処理や補償の費用を含めたら、他の発電と比べものにならないくらいコストは跳ね上がります。

そして、「トイレなきマンション」とたとえられるくらい行き場のない放射性廃棄物というゴミを出し続ける問題があります。

安全になるまで10万年以上もかかると言われる高レベル放射性廃棄物は大地で循環させることはできないので、いまのところ地層処分というかたちで地中深くに埋められています。

地球を傷つけて掘り出したウランを使って発電して、さらにまた新たに地球に穴を開けて発電で出た危険なゴミを埋めるということをしているのです。

こんなにも多くの欠陥や問題や危険性を抱えた発電機が、ひとつの商品として高い価格で売られていることが不思議でなりません。

地層処分地域拡大の必要性を訴えているテレビコマーシャルを初めて見たのは小学生の

ときでした。そのときに感じた違和感と疑問はいまでも忘れられません。

それは、現在のNUMO（原子力発電環境整備機構）が主張している内容の原型で、廃棄物処分地域を求めるものでした。放射性廃棄物を地中深くに埋めているアニメーションの映像を見ながら、そのときに母と交わした会話はこのようなものでした。

「お母さん、ホウシャセイハイキブツってなあに？」

「うーん、なんだろうね。危険なものなのかな」

「それを埋めるの？」

「そうね。埋めるみたいね」

「埋めたら危険じゃなくなるの？　富士山が噴火しちゃったらどうするの？　飛び散っちゃうよ？」

幼な心にも地中深くに危険なゴミを埋めていいのだろうかと心配になって大人に聞いてみたものの、納得できる答えは得られませんでした。

それから30年の時を経て原発事故が起き、あのコマーシャルで耳にしたホウシャセイハイキブツというものと点と点が線で結ばれると、幼いころに漠然と感じた不安は現実となって、予想を超える不条理なことが次々と押し寄せてきました。

1ミリシーベルトから20ミリシーベルトまで急に引き上げられた年間被ばく量の上限、

子どもたちの甲状腺異常やがんなどの健康被害、終わらない避難生活や強制帰還、いっこうに進まない廃炉処理など、枚挙にいとまがありません。

いまでは、山積みとなって行き場を失っている除染で生じた汚染土を、公共事業などで再利用する計画が進められています。

事故以前は100Bq／kg以上の廃棄物はドラム缶に入れられて厳重に保管されなければならなかったのに、この再利用計画では8000Bq／kg以下であれば基準をクリアできることになっています。

いまでは100Bq／kg以下であれば一般社会で使われる製品に再利用できるようになったので、すでに建築資材のコンクリートやベンチなどで試験的に再利用され始めています。全国どこでも被ばくを免れないところまでいよいよ追い込まれてきました。

被ばくは他人事ではなく、この国に住むすべての人たちが自分事として考え、これからどう暮らし、どう生きていくかを真剣に考えるときが来ています。

わたし自身、何度か放射能測定検査を受けていますが、体内からセシウム137が検出され、甲状腺機能の低下も指摘されています。

事故後に初めて検査を受けたときはかなり高い数値が出て、ショックを受けました。検査の担当者からは、もしいま妊娠したらお腹の赤ちゃんに影響が出るレベルであることを告げられました。

命を宿し育み生みだす女性の喜びが一変して恐怖へと変わった瞬間でした。まさかこんなに切ない思いを味わう人生になるとは思ってもみませんでした。

生まれ落ちた日本という国は、過去に広島と長崎で原爆を投下され、福島では原発が爆発して、3度も大きな核爆発を被っています。

原発事故で大気中に放出されたセシウム137の量は、広島原爆168発分に相当するので、世界一の被ばく国と言えるでしょう。

1983年生まれのわたしは、1986年に起きたチェルノブイリ原発事故と2011年に起きた福島第一原発事故の2度の事故を、一度の人生ですでに経験していることになります。

なぜ核の危険とつねに隣り合わせとなる異常な時代をあえて選んで生まれてきたのだろうと、その意味や使命や役割についてよく考えるものです。

この国に生まれた者だからこそ、核のない平和な世界をつくる力となりたいです。

一時は、放射能の恐怖に身を縮めて内側にこもった時期がありました。外に布団や洗濯物を干すことも外出や運動も怖くなって、家の中に引きこもりがちになりました。

また、国や電力会社に怒りをぶつけたこともあります。デモや署名活動に躍起になったり、自身のブログやSNSで批判したこともありました。

しかし、不安や怒りはエネルギーを消耗させてどんどん気持ちがすり減っていくばかりか、社会の状況は何も変わらず疲れは増していく一方でした。

でも、オフグリッドという考え方に出合って希望を見つけたら変わりました。こんな社会にしたいという夢のもと、「まずは自分からやってみよう！」と意気揚々とした気持ちで挑戦してみたら、状況はどんどん好転していったのです。

自然に生かされている安心感や充実感は、行き場のない怒りや憤りを優しく包み込んでくれました。

さらに、地球思いの素敵な人たちとたくさん出会うようになって、同じ志や未来のビジョンを持つ仲間がどんどん現れて、気づいたら少しずつ少しずつ望む方向へと世界が変わり始めました。

いまオフグリッドという考え方が勢いよく世に広まり始め、着実にその種が大きく膨らみ始めている手応えを感じています。

この体験からわかったことは、欲しい世界は自分でつくるということでした。

マハトマ・ガンジーの言った「世界を変えたければ、あなた自身が世界に望むような『変化』とならなければならない」という言葉が示すとおりです。

国や大企業に「NO！」「反対！」と意志表示することももちろん大切かもしれませんが、その身をもって暮らしレベルで体現することのほうがより強い力を持っています。

なぜなら一人一人がこの世界の創造者であって、文化や社会をつくる無限の力を持っているからです。その力に気づいて、その力を発揮するだけでいいのです。

できない理由を探して並べてあきらめるのではなく、できることに目を向けてやってみたその瞬間に、現実と未来はもう大きく変わっています。

「不要なプラグを抜く」
「アンペアダウンする」
「家電製品を整理して減らす」
「少しでも電気を自給してみる」
「ソーラークッカーで料理する」……

今日からできることがこんなにもあります。

実際にやってみると、楽しかったり心地よかったりするもので、わたしのようにやみつきになるほどハマってしまう人もいます。

そんな成功体験は、暮らしや人生に輝きをもたらします。一人一人のその光輝く体験が同時に積み重なっていくことで、確実に社会は変わっていきます。

純粋な心と熱い信念と地に足をつけた行動で、できるところから日々の暮らしに実践として組み込んでみましょう！


わたしには夢があります。それは、いまの子どもたちやこれから生まれてくる子どもたちが大きくなったときに、誇りをもってこう言える社会にすることです。

「3・11があったからこそ、危険な原発がなくなったんだよ。

3・11があったからこそ、みんなが地球に優しくなれたんだよ。

3・11があったからこそ、これだけ平和な社会になったんだよ」

アメリカ先住民の人たちは、地球は先祖から受け継いだものではなく、子どもたちから借りているものと考えるそうです。

わたしたち大人は次世代を担う子どもたちから一時的に地球を借りていまを生きています。

そして、いつか必ず返すときがやってきます。人さまから何かを貸してもらったら、汚したり傷つけたりしないように慎重に扱うものです。

少しでも地球を修復してキレイな状態に戻してから、笑顔で次世代にお返ししたいです。

Column 07

# 〝手前味噌〟で放射能から身を守る

福島第一原発事故をきっかけに放射能問題と向き合うことになり、どのようにしたら身体を守っていけるかを調べていく中で、味噌に希望の光を見いだしました。

それは、長崎で原爆を経験した医師・秋月辰一郎氏のエピソードと出合ったことがきっかけです。

「玄米飯に塩をつけて握るんだ。からい濃い味噌汁を毎日食べるんだ。砂糖は絶対にいかんぞ！　砂糖は血液を破壊するぞ！」

秋月医師は、爆心地からたった1・8キロしか離れていない病院で勤務していました。死の灰とも言える状況の中で、来る日も来る日もこの食事を患者や病院の看護師などとともに実践した結果、誰も命を落とすことなく、重い原爆症が出現することもなかったそうです。

秋月医師は、塩つまりナトリウムイオンは造血細胞に賦活力を与えるもので、逆に砂糖は造血細胞毒素であると言います。至近距離の被ばくにもかかわらずたくさんの命を救えたことは、塩のミネラルのおかげであったと述べています。

乳酸菌は免疫力を高めるという情報にも出合いました。乳酸菌を含む味噌にはやはり大きなチカラがあり、被ばくを免れない日本で生きていくわたしたちにとっては福音とも思える存在です。

生きた乳酸菌となると手づくりが一番です。スーパーなどで売られている味噌は、アルコール処理や加熱処理が加えられて発酵を止められているからです。

こうした理由から、わたしは2012年から味噌を手づくりして食べています。

初めて手づくり味噌を食べたときに、そのコクやうま味に感動しました。そのときは、500グラムの大豆で1キロの味噌をつくりましたが、その味に感動して翌年から量が増えていきました。それにともなって、保存容器も小さなガラス瓶から陶器の壺に変わって、今では大きな杉樽へと進化しています。

美味しい味噌づくりへの情熱が増していき、年々味噌づくりが上手になっていったレシピをご紹介します。ナトリウムと乳酸菌で強い身体を手に入れましょう!

**【手作り味噌/4人家族で3~4カ月分】**

**▼材料:** 大豆1キロ　麹1キロ　塩400グラム

**▼下準備**

・大豆を洗って、約2・5倍の水に半日から1日浸しておく。

・麹と塩を手でもむようにして、まんべんなく混ぜ合わせ、塩きり麹をつくっておく。

・保存容器を焼酎などでアルコール消毒しておく。

**▼大豆を茹でる**

・圧力鍋で15~20分ほど茹でます。

※ふつうの鍋で茹でる場合は、アクをとりながら、とろ火で3~4時間かけて煮ます。

▼大豆をつぶす

・茹であがった大豆をザルにあげて大き目の容器に移し、茹で汁はボウルか何かにとっておきます。大豆が熱いうちに、火傷に注意しながら手や指で潰していきます。大豆の汁気がなく、固く感じたら、茹で汁を少し加えて潰していきます。

※マッシャーやフードプロセッサーでつぶす方法もありますが、自分の手の常在菌と発酵させることで、自分に合ったお味噌ができるそうです。

▼仕込む

・潰した大豆と、下準備しておいた塩きり麹を混ぜ合わせます。それを大きめの団子状にして、保存容器に勢いよく叩きつけて、空気を抜きながら詰めていきます。

▼仕上げ

・表面を平らにして、カビ対策となるような蓋をします。塩蓋、昆布蓋、酒粕蓋などいろいろありますので、お好みで選んでください。空気が入らないように、その上からラップします。

▼発酵と熟成

・涼しく風通しのよいところで保管します。

・仕込みから半年経ったら、よくかきまぜて天地返しします。そのまま半年寝かせ、1年以上熟成させたらできあがり！

Chap.
19

# 未来のエネルギー社会はきっとこうなる

その日の天気と発電量と蓄電量の数値を毎日コツコツ記録してくれた夫。その貴重なデータを元にグラフにしてみたら、1年の大半は電気富豪であることがわかりました。使いきれないほどの電気が生みだされる日は、できることならあまったその電気をご近所や友人に配りにいきたくてもどかしくなります。

「すみません、今日はおひさまがいっぱい電気をつくってくれて、うちだけでは使いきれないのでもらってもらえませんか？」と。

庭で育てた野菜も食べきれないほど収穫できるのでご近所に配り、何百と実る種も翌年蒔ききれないのでほしい人に渡し、刈っても刈っても生えてくる野草や薬草も心身の不調がある人に贈ります。

エネルギーも食べものも種も薬草もあふれてこぼれる様子を見ていて、自然はあまるようにできているのだと気づきました。きっとそれが本来のシステムであり、それを自然と呼ぶのだと。

そのシステムから離れて不自然で人工的なシステムになればなるほど、ある現象は一転して不足するという現象に変わり、奪い合いが起きるのでしょう。

戦争や飢餓や貧困などの問題が起きるときは、ヒトという動物が自然から離れてしまっているというサイン。原発は、現代の社会システムが〝ハイコスト・ハイリスク・ローリターン〟であることを示してくれました。

一方で、自然というシステムは〝ノーリスク・ノーコスト・ハイリターン〟の仕組みとなっています。

この地球経済のほうがより効率的で豊かで安全であることを思い出させようと、原発は自身を爆発させてまでその命と引き換えに教えてくれたのかもしれません。


このような自然と調和した暮らしになったら、いままでの人生で一番〝生きている〟実感が湧くようになりました。

それまでの「生きるためにお金を稼ぐ生活」から「自然に愛されて生かされる生活」になると、お金が虚構や幻のように思えてきました。

お金とはあくまでコンピュータ上で架空に処理されるものなので、物理的に存在しているわけではありません。全国民がいっせいに口座から引きだしたら、圧倒的に足りないので受け取れない人が続出します。つまり、実質が伴わない空虚で不確かなもの。

でも、野菜を育てれば食べるものになって、太陽が昇ればエネルギーになります。それは実質が伴うリアルで確かなもの。


いまの社会は、循環ではなく消費を土台にしているため、資源やお金の奪い合いが起きる構造となっています。取り合えば不足するので誰かが我慢をすることになります。

しかし、オフグリッドな暮らし方になると、自然や地球や宇宙とつながり直すリ・グリッドが必然的に起きるので、あまるという現象が勝手に現れます。

つまり、この暮らし方や生き方を選択する人が増えれば増えるほど、エネルギーも食糧も心の余裕もあまる人が増えて、分かち合いや与え合いを前提とした優しい社会へと移行していくことでしょう。

それは、「いまだけ自分だけ」の Take & Take から、「どうぞどうぞ」の Give & Give の世界への大転換。いままで社会が抱えてきた問題を抜本的に、しかも平和的に解決できる可能性を秘めたライフスタイルと言えます。


それにしても、エネルギーを「蓄える」という発想は、なんて画期的なことなのだろうとつくづく思います。

消費されなかったら捨てるしかなかった電気を、蓄電池（バッテリー）にためることで可能としてくれる電力自給生活。

蓄電池の性能がよくなって、さらに手が届きやすい価格になれば、このような生活を選択する人は増えるはずです。

2019年にFIT（再生可能エネルギーの固定価格買い取り制度）の終了を迎える世帯が出てきましたが、その世帯数は初年度だけで50万軒に達すると見込まれています。今後、自宅で発電した電気の余剰分を売電できなくなる家庭が増えていきます。

せっかく屋根にたくさんの太陽光パネルがあるのですから、それを使わない手はありません。ましてやお金にならないなら廃棄してしまおうなどとは絶対に考えないでほしいです。

蓄電池を用意してつなげて利用すれば楽しい電力自給生活ができるうえ、災害時に強い家にもなります。FIT終了を契機として、エネルギー自給する暮らしが増えていくことを願っています。

また、蓄電と同じように蓄熱の技術が進歩したら、エネルギー革命を起こせるのではないかといろいろな夢が膨らみます。

たとえば、日中の太陽の熱を屋根や壁で蓄えることができたら、家の暖房に使えます。同じように、蓄熱できるストーブを開発できたら、昼間に太陽のもとに置いて温めて、夜になって寒くなったら使えます。それは燃料フリーの何度でも使える究極のエコストーブです。

また、蓄えておいた太陽熱をキッチンで使えたら、夜でも雨の日でも電気やガスを使わず家の中で料理ができます。

現在は昼間にソーラークッカーを外や窓辺に置いて調理しますが、これならばいつでも好きな時間に太陽の力で調理が可能です。

それは、ガスを引き込んで使うガスオーブンやガスコンロではなくて、外から太陽熱を引き込んで使うソーラーオーブンやソーラーコンロと呼ばれる新しいキッチンアイテムの誕生です。

ひょっとしたら、100年後のシステムキッチンはそのようなものが搭載されている仕様になっているかもしれません。想像するだけでワクワクしてきます！

アイディアはたくさんあるので、それを一緒に実現できる技術を持った人や企業と手をつないで、いままでになかったものを世に生みだしていきたいです。

電気と向き合ってもうすぐ10年になりますが、その過程の中で自家発電よりももっと楽しい発電方法を考えついてしまいました。

それは自己発電です。

それまで大きな社会システムの中で半ば眠っているようにボーッと生きていた人生から脱して、まるで目覚めたかのように自分の望む世界を描いてそれに向かってまっしぐらに生きるようになると、無限とも呼べる莫大なパワーが内側からあふれてくることに気づきました。

このエネルギーで発電できるのではないかと閃いたのです。人間は電気信号で動いている動物なので発電機とも言えます。

特に、夢を描いてワクワクしているとき、夢中になって何かに没頭しているとき、感謝があふれてくるとき、嬉しくて楽しくて笑っているときなどは、自分がエネルギーの宝庫と化していることがわかります。

それはまさに〝エネルギッシュ〟という言葉がピッタリ。このありあまるエネルギーを電気に変えたり蓄電したりして使えたら、発電機フリーの究極のエコな電気のつくり方になります。そして、平和で健やかな楽しい人生をみんなが意識するようになるので、笑い声や笑顔がいっぱいの楽しい社会になるはずです。

このアイディアを友人に話すと、それはディズニー映画の「モンスターズ・インク」のストーリーと同じだと言われました。

気になってＤＶＤを見てみると、まさにわたしの描いているエネルギー社会の未来そのものだったのです！

この映画は、子どもたちの笑い声は大きなエネルギーを生みだすため、たくさんの子どもたちを喜ばせて笑わせていきいきした質の良い電気をバッテリーにためる社会になっていった物語です。

ディズニー映画は未来を予見しているという噂を聞いたことがありますが、20年前にこの映画をつくったピート・ドクター監督と同じビジョンを見ていることは嬉しいものです。

これからは電力会社による発電から自家発電へと移行していき、そして自家発電から自己発電へと社会は進化していくのかもしれません。

いまは夢物語で笑って流されてしまうことでも、１０００年後の未来ではそれが当たり前であることは十分にありえます。

と言いつつも、その時代がやってくるまでのしばらくのあいだは、太陽がわたしたちを支えてくれるでしょう。

太陽が大好きな地球という星は、まるで母親に甘えるように、その周りをずっとグルグル回っています。

その愛する存在から降り注がれるエネルギーは毎秒42兆キロカロリーで、石炭200万トン分の熱量と言われています。それを1時間分に換算すると、なんと世界中の人たちが1年間に使うエネルギーの量と同じだそうです。

つまり、上を見上げればもうそこにわたしたちを生かす存在が燦々と輝いているということです。

それにもかかわらず、下ばかり向いて地下にある化石燃料を意固地になって掘って使い続けている人類の姿を見て、太陽はきっと残念がっていることでしょう。

〝下〟から〝上〟に視点を変えるだけでいいのです。いままでも、いまこのときも、そしてこれからもずっとずっと、天から微笑みかけてくれる太陽。その光の存在に気づいて享受するだけで、この星に住まう人類のエネルギー問題は解決します。一人一人が太陽ともう一度つながり直したとき、新たな時代の扉は開きます。エネルギー革命の夜明けはもうすぐです。その日の出を一緒に迎えましょう！

# Chap. 20 おわりに

近年、地球温暖化に伴う気候変動が原因か、自然災害が多くなってきました。地震や台風のたびに電気が停電したり断水したりして、その状況で多くの人がただ無力な存在として何もできなくなってしまいます。

そのような混乱状況を見るたびに、オフグリッドという考え方や暮らし方を一人でも多くの方に知ってもらいたいと願います。

電気やガスというライフラインが一方的に断たれることはあっても、太陽がわたしたちとのつながりを絶ってくることはありません。むしろそういう困難なときにこそ、その無償の光で励ましと勇気と知恵を与えてくれます。

大げさな表現かもしれませんが、太陽と結び直してから、本来の人間に戻れた喜びがあります。

季節によって変わる太陽の軌道やパワーだけでなく、放射される光の粒子一粒一粒の色や形やきらめきの変化までも、敏感に感知できるようになった気がします。

それは旬を味わうことであり、自然界が織りなす一瞬一瞬の美しさを見逃さないことであり、旬＝瞬という〝いまここ〟を生きることそのものです。

すると、自然のリズムや法則などに則って生きる能力が開花し始めて、環境、自然、地球、宇宙といったものが立体的につながりあっていることに気づきました。本来わたしたちがグリッドしなくてはいけなかったのは、こっちのほうだったのです。

オフグリッドしたことでわたし自身が自然のシステムの一部となり始めたいま、自然があらゆる力を尽くして恵みを与えて生かしてくれるようになりました。

オフグリッドは「切ること」や「ほどくこと」に目が行きがちですが、「結び直すこと」や「つながり直すこと」に真の意味があります。

本来のヒトとして、自然でありのままのあり方や暮らし方や生き方としっかり結び直す。それは要するに社会の常識や当たり前や価値観といった縛りから自分自身をほどいて、自分の考えや感性のままに生きていくことを意味します。

オフするときは少し怖いかもしれませんが、できたときの爽快感は言葉では表せないほどです。見たかった景色や体験したかったことを自由に創造できる世界が待っています。

さあ、ここから自分自身を縛っているものから解き放って、喜びと希望にあふれる真実の世界を再構築しましょう。

人間は誰しもが自由な存在で、誰にも何にも縛られなくていいことを思い出させてくれるのがオフグリッド。

一人一人が自分の人生の主人公。そして、一人一人がこの世界の創造者。

さあ、がんじがらめになっているその網目を自分の力でほどいて抜け出してみましょう！

あなたが望む未来をつくりましょう。かけがえのないこの美しい星「地球」という舞台で。

**【おもな参考文献】**

『原発に頼らない社会へ』田中優著、武田ランダムハウスジャパン
『電気は自給があたりまえ オフグリッドで原発のいらない暮らしへ』田中優著、合同出版
『誰でも簡単にできる！ 川口由一の自然農教室』新井由己、鏡山悦子著、川口由一監修、宝島社
『これならできる！自然菜園』竹内孝功著、農山漁村文化協会
『雑草と楽しむ庭づくり』ひきちガーデンサービス、曳地トシ、曳地義治著、築地書館
『タネが危ない』野口勲著、日本経済新聞出版社
国土交通省 HP
＊ほかにも多数の書籍、新聞・雑誌、ウェブメディアなどを参考にさせていただきました。

---

ひらけ！オフグリッド

二〇一九年　一二月一五日　初版発行

著　者　サトウチカ
発行者　中野長武
発行所　株式会社三五館《さんごかん》シンシャ
〒101-0052
東京都千代田区神田小川町2-8　進盛ビル5F
電話　03-6674-8710
http://www.sangokan.com/
発　売　フォレスト出版株式会社
〒162-0824
東京都新宿区揚場町2-18　白宝ビル5F
電話　03-5229-5750
https://www.forestpub.co.jp/
印刷・製本　モリモト印刷株式会社
カバー印刷　株式会社久栄社

ISBN978-4-86680-907-6
＊本書の内容に関するお問い合わせは発行元の三五館シンシャへお願いいたします。
定価はカバーに表示してあります。
乱丁・落丁本は小社負担にてお取り替えいたします。